Norbert Rother

Holozäne fluviale Morphodynamik im Ilmetal und an der Nordostabdeckung des Sollings (Südniedersachsen)

GÖTTINGER GEOGRAPHISCHE ABHANDLUNGEN

Herausgegeben vom Vorstand des Geographischen Instituts
der Universität Göttingen
Schriftleitung: Karl-Heinz Pörtge

Heft 87

Norbert Rother

Holozäne fluviale Morphodynamik im Ilmetal und an der Nordostabdachung des Sollings (Südniedersachsen)

Mit 59 Abbildungen, 10 Tabellen
und einer Beilage

1989

Verlag Erich Goltze GmbH & Co. KG, Göttingen

ISBN 3-88452-087-3

Druck: Erich Goltze GmbH & Co. KG, Göttingen

INHALTSVERZEICHNIS

	Seite
VERZEICHNIS DER ABBILDUNGEN	6
VERZEICHNIS DER TABELLEN	8
VERZEICHNIS DER ABKÜRZUNGEN	9
VORWORT	11

I. EINLEITUNG 13

    1. Problemstellung 13
    2. Untersuchungsgebiet 15
        a. Lage, Morphographie 15
        b. Geologie, Tektonik 15
        c. Vegetation, Siedlung 17
    3. Untersuchungsmethoden 20

II. ILME-UNTERLAUF 21

    A. Sedimente 21
        1. Erscheinungsform, Stratigraphie 21
            a. Schotter 21
            b. Humose Basisschicht 22
            c. Älterer Auenlehm 22
            d. Jüngerer Auenlehm 23
            e. Schwemmfächer 24
            f. Kolluvien 27
        2. Vorkommen, Mächtigkeit, Menge 27
            a. Schotter 27
            b. Humose Basisschicht 27
            c. Älterer Auenlehm 28
            d. Jüngerer Auenlehm 29
            e. Schwemmfächer, Kolluvien 34
        3. Datierung, Herkunft 35
            a. Schotter 35
            b. Humose Basisschicht 35
            c. Älterer Auenlehm 36
            d. Jüngerer Auenlehm 37
            e. Schwemmfächer, Kolluvien 38
    B. Ablagerungsbedingungen, Morphodynamik 40
        1. Frühholozän bis Frühmittelalter 40
        2. Frühmittelalter bis Neuzeit 42

III. ILME-OBERLAUF UND NEBENTÄLER 50
    A. Sedimente der Talhänge und Verebnungsflächen 51
        1. Minerogene Deckschichten 51
        2. Moore 51
    B. Fluviale Sedimente 52
        1. Erscheinungsform, Stratigraphie 52
            a. Schotter 52
            b. Wiesensediment 53
        2. Vorkommen, Mächtigkeit, Menge 54
            a. Schotter 54
            b. Wiesensediment 55
        3. Herkunft 58
            a. Schotter 58
            b. Wiesensediment 59
        4. Datierung 63
            a. Schotter 63
            b. Wiesensediment 64
    C. Akkumulations- und Erosionsbedingungen, Morphodynamik 64
        1. Holozän bis Ende Mittelalter 64
        2. Neuzeit 69

IV. VERGLEICH DER GEBIETE 72

V. ZUSAMMENFASSUNG 75

LITERATURVERZEICHNIS 78

VERZEICHNIS DER KARTEN UND LUFTBILDER 86

ANHANG Abbildungen 42–60 87
        Tabellen 6–10 93

VERZEICHNIS DER ABBILDUNGEN

Abb. 1: Lage des Untersuchungsgebietes 14
Abb. 2: Geologisch-tektonische Übersichtskarte 16
Abb. 3: Korngrößen-Summenkurven der holozänen fluvialen Sedimente im unteren Ilmetal 22
Abb. 4: Korngrößen-Zusammensetzung und Kalkgehalt der fluvialen holozänen Sedimente des unteren Ilmetales am Beispiel der Bohrung 784 (Q I 63) . . . 24

Abb. 5:   Unterschiede zwischen den fluvialen Sedimenten des unteren Ilmetales in den Bohrungen 623 und 628 25
Abb. 6:   Gradienten im Humusgehalt des älteren und jüngeren Auenlehms 26
Abb. 7:   Vorkommen und Mächtigkeit der holozänen Sedimente im Talverlauf der unteren Ilme 28
Abb. 8:   Mächtigkeit der Auenlehme an ihrer distalen Verbreitungsgrenze 30
Abb. 9:   Tiefenlinien und Rücken in der Talsohle der Ilme südlich Dassel 31
Abb. 10–15: Morphographie des Talverlaufs an der unteren Ilme 32
Abb. 10: Längsgefälle [%] 32
Abb. 11: Breite der Talsohle [m] 32
Abb. 12: Lage des rezenten in bezug zum frühholozänen Kerbentiefsten [m] (Eintiefung < 0; Akkumulation > 0) 32
Abb. 13: Querschnittsfläche der humosen Basisschicht [m^2] 32
Abb. 14: Querschnittsfläche des älteren Auenlehms [m^2] 32
Abb. 15: Querschnittsfläche des jüngeren Auenlehms [m^2] 32
Abb. 16: Korrelation Talbreite zu Querschnittsfläche des älteren Auenlehms 33
Abb. 17: Flußbettverlagerungen am Ilme-Unterlauf nach 1783 34
Abb. 18: Schwankungen des Wasserstandes an den Pegeln Relliehausen und Oldendorf und maximaler randvoller Abfluß an den benachbarten Querprofilen 45
Abb. 19: Erosion in einer Hochwasserrinne 46
Abb. 20: Kavitation am Grund einer erosiven Hohlform 47
Abb. 21: Jahrhunderthochwasser an der Ilme am Jahresende 1986 Einmündung des Riepenbaches 48
Abb. 22: Jahrhunderthochwasser an der Ilme am Jahresende 1986 Engstelle Amtsberge/Ellenser Wald 48
Abb. 23: Jahrhunderthochwasser an der Ilme am Jahresende 1986 Zwischen Holtensen und Hullersen 49
Abb. 24: Jahrhunderthochwasser an der Ilme am Jahresende 1986 Mündungsgebiet der Ilme 49
Abb. 25: Korngrößen-Summenkurve des Wiesensedimentes in den Talauen der Solling-NE-Abdachung 54
Abb. 26: Eintiefung der rezenten Bachkerbe in den anstehenden Mittleren Buntsandstein 55
Abb. 27: Längsprofil der Lummerke und seine Morphographie 56
Abb. 28: Längsprofil des Riepenbaches und seine Morphographie 56
Abb. 29–32: Morphographie des Talverlaufs an der oberen Ilme 57
Abb. 29: Längsgefälle [%] 57
Abb. 30: Breite der Talsohle [m] 57
Abb. 31: Lage des rezenten in bezug zum frühholozänen Kerbentiefsten [m] (Eintiefung < 0; Akkumulation > 0) 57
Abb. 32: Querschnitt der erodierten bzw. akkumulierten Fläche [m^2] 57
Abb. 33: Quellmulde am Rand des Hülsebruches 60
Abb. 34: Kerbe in pleistozäner Fließerde 60
Abb. 35: Durch Moorentwässerung entstandene Kerbe am Repkebach 63
Abb. 36: Längsprofil durch einen Nebenbach der Weser und seine Morphographie .. 66

Abb. 37: Anteile von trockenen, episodisch/periodisch und perennierend durchflossenen Talabschnitten an der Gesamttallänge der Täler an der Solling-NE-Abdachung 67
Abb. 38: Fossile Meilerplattform in einem Nebental des Lakenbaches 68
Abb. 39: Hochwasserabfluß auf einer mit Wiesensediment bedeckten Talsohle . . . 70
Abb. 40: Korrelation zwischen der Querschnittsfläche der Erosion/Akkumulation und der Talbreite im oberen Ilmetal 71
Abb. 41: Rezente Kerbenbildung an einem Teich-Überlauf 72
Abb. 42–49: Talquerprofile der Solling-NE-Abdachung 87
Abb. 42: Querprofil L 5.2 87
Abb. 43: Querprofil R 5.4 87
Abb. 44: Querprofil R 6.2 88
Abb. 45: Querprofil R 6.3 88
Abb. 46: Querprofil R 6.9 88
Abb. 47: Querprofil R 6.15 88
Abb. 48: Querprofil R 6.10 89
Abb. 49: Querprofil R 6.13 89
Abb. 50–58: Talquerprofile an der unteren Ilme 90
Abb. 50: Querprofil I 43 90
Abb. 51: Querprofil I 46 90
Abb. 52: Querprofil I 50 90
Abb. 53: Querprofil I 52 91
Abb. 54: Querprofil I 53 91
Abb. 55: Querprofil I 57 91
Abb. 56: Querprofil I 59 91
Abb. 57: Querprofil I 61 91
Abb. 58: Querprofil I 63 92
Abb. 59: Lage der Querprofile im Unterlauf der Ilme 92
Abb. 60: Morphographische Karte mit Lage der im Text und in den Zeichnungen erwähnten Querprofile an der Solling-NE-Abdachung . . . . Beilage

VERZEICHNIS DER TABELLEN

Tab. 1: Siedlungsperioden und wichtige klimatisch bedingte Erosionsphasen . . . 19
Tab. 2: Mächtigkeit und Akkumulationsraten der Sedimente im Ilme-Mündungsgebiet (Q I 62) im Vergleich zu den durchschnittlichen Raten 29
Tab. 3: Schichtenverzeichnis 50
Tab. 4: Zusammenstellung der Quellen 59
Tab. 5: Bodenabtrag unter Wald 62
Tab. 6: Verzeichnis der Proben 93
Tab. 7: Korngrößenanalysen der wichtigsten holozänen Sedimente 99
Tab. 8: Pollenanalytisch untersuchte Proben 100
Tab. 9: Daten zu den Querprofilen an der Ilme (Oberlauf) 102
Tab. 10: Daten zu den Querprofilen an der Ilme (Unterlauf) 103

VERZEICHNIS DER ABKÜRZUNGEN

A =	Aufschluß
aM =	Auenlehm, undifferenziert
aMf =	holozänes, fluviales Sediment, undifferenziert
aMw =	Wiesensediment
aM1 =	humose Basisschicht unter Auenlehm
aM2 =	älterer Auenlehm
aM3 =	jüngerer Auenlehm
B =	Bohrung
hM =	Menge des holozänen Ausraumes (< 0) oder der holozänen Akkumulation (> 0) [cbm]
hQ =	Querschnittsfläche der holozänen Kerbe (< 0) oder der holozänen Akkumulation (> 0) [m^2]
hT =	Eintiefung (< 0) bzw. Anhebung (> 0) der rezenten Kerbe bezogen auf das frühholozäne Ausgangsniveau [cm]
I =	Zurundungsindex nach CAILLEUX
n =	Anzahl
o.Nr. =	Bohrung nicht numeriert
Q I =	Querprofil der Ilme
Q L =	Querprofil an einem linken Nebenfluß der Ilme
Q R =	Querprofil an einem rechten Nebenfluß der Ilme
qwd =	Löß
qwds =	verschwemmter Löß
qwf =	weichselzeitliches, fluviales Sediment (qwf1 = Früh- bis Mittelweichsel, qwf2 = Spätweichsel)
qwfl =	Fließerde, (d) = vorwiegend aus Löß, (sm) = vorwiegend aus Buntsandsteinmaterial
qwz =	pleistozäne Abschlämmassen
r =	Korrelationskoeffizient
sm =	Mittlerer Buntsandstein, undifferenziert
smH4 =	Hardegsen-Abfolge 4 (Hardegsen-Folge)
smS1B =	Weißvioletter Basissandstein (Solling-Folge)
smS2 =	Trendelburg Bausandstein (Solling-Folge)
smS3 =	Karlshafener Bausandstein (Solling-Folge)
smS4 =	Tonige Grenzschichten (Solling-Folge)
smST1 =	Graue Tonige Zwischenschichten (Solling-Folge)
smST2 =	Rote Tonige Zwischenschichten (Solling-Folge)
smT =	Tonstein des Mittleren Buntsandstein, undifferenziert
sM =	Schwemmfächermaterial, undifferenziert
sM1 =	humose Basisschicht unter Schwemmfächermaterial
sM2 =	älterer Schwemmfächer
sM3 =	jüngerer Schwemmfächer
SSt =	Sandstein
TSt =	Tonstein
wM =	Kolluvium, undifferenziert

wM1 = humose Basisschicht unter Kolluvium
wM2 = älteres Kolluvium
wM3 = jüngeres Kolluvium
Y = anthropogenes Material

VORWORT

Die vorliegende Untersuchung wurde vom Frühjahr 1985 bis zum Frühjahr 1989 als Teil des DFG-Schwerpunktprogramms „Fluviale Geomorphodynamik im jüngeren Quartär" am Geographischen Institut der Universität Göttingen unter der Leitung von Prof. Dr. J. HAGEDORN durchgeführt. Bei der Deutschen Forschungsgemeinschaft und dem Geographischen Institut bedanke ich mich sehr für die finanzielle Unterstützung und die Bereitstellung von Gerätschaften.

Für Gespräche, Ratschläge und Hinweise, die wesentlich die Arbeit beeinflußt haben, danke ich ganz besonders Prof. Dr. J. HAGEGORN. Vor allem in der Anfangsphase der Untersuchung waren mir die Diskussionen mit Prof. Dr. E. BRUNOTTE, Geographisches Institut Köln, eine wichtige Hilfe. Ihm sei dafür herzlich gedankt.

Für klärende Gespräche danke ich außerdem den Mitarbeitern des Geographischen Instituts Göttingen PD Dr. D. DENECKE, Dr. F. LEHMEIER, P. MOLDE, Dr. K.-H. PÖRTGE, Dr. K. PRIESNITZ und Prof. Dr. J. SPÖNEMANN sowie Prof. Dr. H. JORDAN, Niedersächsisches Landesamt für Bodenforschung und Dr. E. SCHRÖDER, Göttingen, der außerdem einige Keramikfunde datierte.

Bei der Datierung der Sedimente war ich weiterhin auf die Hilfe von Prof. Dr. M. E. GEYH, Niedersächsisches Landesamt für Bodenforschung, und Prof. Dr. E. GRÜGER, Palynologisches Institut Göttingen, angewiesen. Für ihre Datierungen möchte ich mich herzlich bedanken. Die Arbeiten im Labor des Geographischen Institutes übernahm zum größten Teil Frau G. OELRICH. Auch ihr sei an dieser Stelle gedankt.

Ohne die zuvorkommende Hilfe einiger Ämter, Institutionen und Einzelpersonen wäre die Arbeit nicht möglich gewesen. Die Forstämter Dassel, Knobben, Neuhaus und Seelzerthurm gewährten mir Durchfahrterlaubnisse. Zudem erhielt ich Einsicht in die jeweiligen Standortkartierungen. Die Revierförster des betreffenden Gebietes gaben mir aufgrund ihrer Ortskenntnis viele gute Hinweise. Herr H. LOGES sei hier stellvertretend erwähnt. Akteneinsicht und Unterlagen erhielt ich weiterhin vom Forstplanungsamt Wolfenbüttel, vom Niedersächsischen Landesamt für Bodenforschung, vom Wasserwirtschaftsamt Göttingen, von den Wetterämtern Göttingen und Hannover, von den Katasterämtern, der Post und der EAM. Ihnen allen möchte ich hier meinen Dank sagen.

Die Diagramme und Karten wurden vom Kartographen des Geographischen Institutes, Herrn E. HÖFER, und seinen Mitarbeitern in druckfertige Vorlagen umgesetzt. Ihnen sei dafür herzlich gedankt.

Den Herausgebern der Göttinger Geographischen Abhandlungen danke ich für die Aufnahme der Arbeit in diese Reihe.

Ganz herzlich bedanken möchte ich mich nicht zuletzt bei Herrn T. HUSMANN, ohne dessen stetige Hilfe die Geländearbeiten in dem vorliegenden Umfang nicht möglich gewesen wären, und bei meiner Freundin, Frau S. WENZEL, für ihre Geduld und Hilfsbereitschaft.

I. EINLEITUNG

1. Problemstellung

Die Beschaffenheit und die stratigraphische Einordnung der holozänen Sedimente und insbesondere der Auenlehme in den Talauen der großen Flüsse des südniedersächsischen Berglandes (Leine, Weser) sind wiederholt Gegenstand der Forschung gewesen (NATERMANN 1941; MENSCHING 1950, 1951 a, 1951 b; HÖVERMANN 1953; REICHELT 1953; NIETSCH 1955; LUDWIG HEMPEL 1956; STECKHAHN 1958; LÜTTIG 1960; STRAUTZ 1963; WILDHAGEN & MEYER 1972; BRUNOTTE & SICKENBERG 1977; LIPPS 1988). Die Untersuchungen sind aber immer auf Teilbereiche der Hauptflüsse selbst beschränkt geblieben. Obwohl WILDHAGEN & MEYER (1972) die an der oberen Leine festgestellten Phasen der Auenlehmsedimentation auf die Rodung in den entfernteren Teileinzugsgebieten und den großen Rückhalteraum in den Talauen der Nebentäler zurückführen, liegen bisher nur über einige ihrer Mündungsbereiche Untersuchungen vor (WUNDERLICH 1963; BARTELS & MEYER 1972; WILDHAGEN & MEYER 1972). Über die Erscheinungsform der Sedimente in den Nebentälern, ihre mögliche Gliederung und die räumlichen oder zeitlichen Veränderungen der Morphodynamik ist kaum etwas bekannt.

Außerdem schließen die Einzugsgebiete der Hauptflüsse immer mehr oder weniger große ackerbaulich genutzte Areale ein, so daß die holozäne Morphodynamik in den Talauen wesentlich von der Bodenerosion auf Ackerflächen beeinflußt wird. Das Ausmaß der Bodenerosion ist z.B. im südniedersächsischen Eichsfeld eingehend untersucht worden (LENA HEMPEL 1957; BORK 1981, 1983a, 1985), und der Zusammenhang zwischen Bodenerosion und Auenlehmbildung ist seit der Untersuchung von NATERMANN (1941) an der Weser bekannt. Trotzdem läßt sich der Einfluß der Bodenerosion auf die fluviale Morphodynamik bzw. deren Veränderung nur sehr schwer abschätzen, da vergleichende Untersuchungen in naturnahen bewaldeten Einzugsgebieten fehlen.

Zwar gibt es bereits seit langem Beobachtungen über aktuelle Hangformungsprozesse unter Wald, besonders über die Abspülung (SCHMID 1925 mit Zusammenfassung des damaligen Forschungsstandes; HESMER 1949; WANDEL 1950; SICKENBERG 1955/56; HEMPEL 1956, 1958; SEEDORF 1957; DELFS u.a. 1958; TOLDRIAN 1974; KARL, PORZELT & BUNZA 1985), aber zum einen wird deren Wirksamkeit sehr unterschiedlich beurteilt, zum anderen wird kaum eine Verbindung zu den fluvialen Prozessen und Formen hergestellt.

Aus dem dargelegten Stand der Forschung ergeben sich eine Reihe von offenen Fragen, denen in der vorliegenden Untersuchung nachgegangen werden sollte:
1. Welche Merkmale weisen die fluvialen Sedimente eines Nebentales auf und wie lassen sie sich gliedern? Wie unterscheidet sich ihre Gliederung von der – z.T. widersprüchlichen – Gliederung der Sedimente in den Haupttälern, speziell der Leine?
2. Wie verändern sich die Sedimente im Talverlauf? Lassen sie sich auch in die bewaldeten Gebiete hinein verfolgen? Wie wirken sich dort die veränderten Ablagerungsbedingungen aus?
3. Welche zeitlich bedingten Veränderungen der Ablagerungsbedingungen und der Morphodynamik können erschlossen werden? Wie haben sich die großen Umbrüche am Beginn des Holozäns und mit Beginn der anthropogenen Einflußnahme ausgewirkt?

Das 30 km lange Ilmetal samt den distalen Nebentälern bot gute Voraussetzungen, diesen noch offenen Fragen nachzugehen.

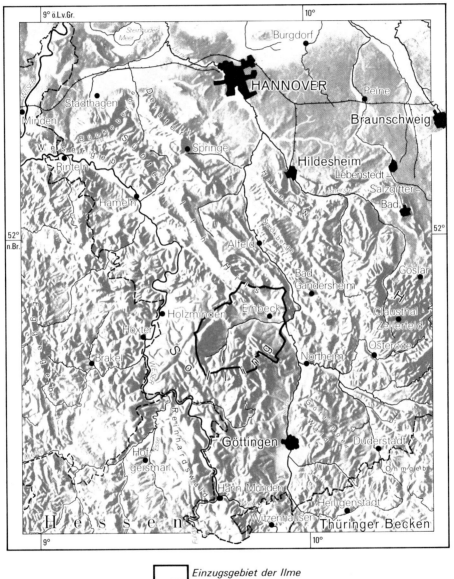

 Einzugsgebiet der Ilme

Abb. 1:
Lage des Untersuchungsgebietes

2. Untersuchungsgebiet

a. Lage, Morphographie

Die im Solling auf einer Höhe von etwa 370 mNN entspringende Ilme entwässert als linker Nebenfluß der Leine einen 394 km² großen Teil des Leine-Weser-Berglandes. Auf den ersten 10 km ihres Laufes überwindet sie bei einem maximalen Gefälle von 4,2 % einen Höhenunterschied von 190 m und nimmt einen großen Teil der Gewässer der Solling-NE-Abdachung auf. Dieser südwestlichste, zu über 90 % bewaldete Teil des Einzugsgebietes bildet zusammen mit der daran anschließenden gesamten Ilme-Talaue das Untersuchungsgebiet (Abb. 1).

Die höchsten Erhebungen des Einzugs- wie des Untersuchungsgebietes sind die Große Blöße (528 mNN) und der Dasseler Mittelberg (515 mNN). Östlich Dassel durchschneidet die Ilme die den Solling säumenden Muschelkalk-Schichtstufen (Abb. 2), quert anschließend mit einem durchschnittlichen Gefälle von 0,26 % das Einbeck-Markoldendorfer Becken und mündet nach insgesamt 30 km auf einer Höhe von 105 mNN in die Leine. In diesem weitgespannten, überwiegend landwirtschaftlich genutzten Gebiet nimmt sie mehrere größere Zuflüsse auf, die Teile des Sollings und der Ahlsburg (Diesse, Rebbe) sowie der Elfas-Achse und einen kleinen Teil des Hils (Bewer, Krummes Wasser) entwässern.

b. Geologie, Tektonik

Die zum Leine-Weser-Bergland gehörenden Landschaftseinheiten Solling und Markoldendorfer Becken sind Teile der Hessischen Senke, die sich zwischen den Grundgebirgen Harz und Rheinischem Schiefergebirge in rheinischer Richtung erstreckt und die ihrerseits einen Teil der Mittelmeer-Mjösen-Zone darstellt. In der Hessischen Senke bilden der Solling und seine südliche Fortsetzung, der Bram- und der Reinhardswald, eine zentrale Buntsandsteinaufwölbung aus drei Spezialaufwölbungen, die sich um das Uslarer Versenkungsbecken gruppieren: im NW das Silberborner Gewölbe, im S (Reinhardswald-Bramwald) das Glashütter Gewölbe und im E das Volpriehausener Gewölbe (HEDEMANN 1957, LOHMANN 1959). Ihre Bildung ermöglichte die Herauspräparierung von Muschelkalkschichtstufen, die große Teile des Sollings umgeben. Im NE erheben sich die Schichtstufen des Holzberges, der Amtsberge und des Ellenser Waldes, die gleichzeitig die westliche Begrenzung des Markoldendorfer Beckens darstellen (Abb. 2).

Südöstlich davon befinden sich die Schichtkämme der Ahlsburg-Achse. Diese halotektonische Struktur entstand durch die Wanderung des Zechsteinsalzes aus dem Untergrund des Markoldendorfer Beckens in Richtung auf das Solling-Gewölbe, wo es sich staute und zu einer Aufrichtung der Schichten der Ahlsburg führte (HOFRICHTER 1976: 63). Die nördliche Entsprechung der Ahlsburg-Achse ist die ebenfalls herzynisch verlaufende Elfas-Achse[1], die sich vom Vogler über den Homburgwald und den Elfas bis östlich des Leinetalgrabens zum Ahlshauser Buntsandsteinsattel verfolgen läßt und damit das Markoldendorfer Becken im Norden begrenzt.

---

[1] Beide Strukturen wurden detailliert beschrieben: GRUPE (1901,1922); STILLE (1922); KLINGNER (1930); BRINCKMEIER (1934, 1935); MARTINI (1955); HERRMANN, HINZE, STEIN (1967); HERRMANN, HINZE, HOFRICHTER, STEIN (1968); DIENEMANN, GROSSE, HENDRICKS (1970); HOFRICHTER (1976); BRUNOTTE (1978); BRUNOTTE & GARLEFF (1979); JORDAN et al. (1986)

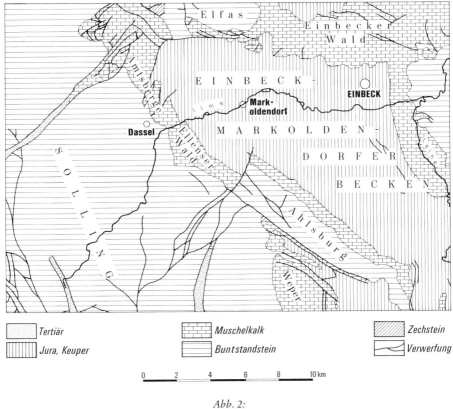

Abb. 2:
Geologisch-tektonische Übersichtskarte

Das Markoldendorfer Becken selbst ist nach DIENEMANN u.a. (1970: 25f) ein in NW-SE-Richtung gestrecktes Einbruchsbecken, in dem Schichten des Mittleren und Unteren Lias und des Keupers staffelförmig gegen die Randgebiete im NE, W und SW eingesunken sind. Während am Südrand des Beckens eine Absenkung der Liasschichten um über 400 m nachgewiesen werden konnte, läßt sich die Lage der einzelnen Störungen im Innern des Beckens nicht angeben.

Der zeitliche Ablauf der Landschaftsentwicklung stellt sich etwa wie folgt dar. Während der Zechstein-Zeit wurden in der varistisch angelegten Hessischen Senke mehrere hundert Meter Salze abgelagert. Danach erfolgte eine Verfüllung mit fluvialen Sedimenten, die im südwestlichen Solling, dem Gebiet der maximalen Tiefe des Oberwesertroges, zu einer Gesamtmächtigkeit des Buntsandsteins von weit über 1000 m führte (HEDEMANN 1957, HERRMANN 1974). In der Folgezeit kam es mehrfach zu Transgressionen. Während aber im Markoldendorfer Becken die Sedimente des Muschelkalkes, des Keupers und des Lias abgelagert werden konnten, blieb das Sollinggebiet als submarine Schwelle oder Insel im Keuper und Lias ohne Sedimentbedeckung. In der jungkimmerischen Phase der saxonischen Gebirgsbildung (GRUPE 1908, HEDEMANN 1957), zeitgleich mit dem ersten Einbruch des Leinetalgrabens, bzw. vor oder in der Oberkreide (JARITZ 1973, HOFRICHTRER 1976) erfolgte die Sollingaufwölbung mit ersten Grabenbrüchen, wobei im Gebiet von Volpriehausen „die ursprünglich rd. 600 m mächtige Schichtenfolge des Zechstein zu einer rd. 1100 m mächtigen Salzmasse angestaut (wurde)" (HOFRICHTER 1976: 60).

Nach dieser Aufwölbung, wahrscheinlich in der Oberkreide, rissen die Deckschichten an der Ahlsburg- und der Elfasachse auf, von denen ein großer Teil im tropisch-feuchten Klima der späten Kreidezeit bis zum Eozän unter Bildung einer Fastebene abgetragen wurde. Während v. GAERTNER & HERRMANN (1968) deren geringe Reliefenergie betonen, konnten BRUNOTTE & GARLEFF (1979: 36) ein „räumliches und zeitliches Nebeneinander von Flachreliefteilen und tiefeingesenkten Tälern bzw. scharf herauspräparierten Resistenzstufen" nachweisen.

Nach mehreren Transgressionen wurde das Sollinggewölbe an der Wende Miozän/Pliozän erneut (um ca. 650–700 m) gehoben, wobei viele Gräben einbrachen und Basalte aufdrangen. In dieser Zeit wurde auch der Grabenbruch des Leinetales wieder aktiviert. Bei einer allgemeinen Hebung blieb hier die Grabensohle um ca. 150 m hinter den Grabenschultern zurück. Die zuvor abgelagerten tertiären Sedimente wurden erodiert, es bildete sich erneut eine Verebnungsfläche, z.T. wurde die präoberoligozäne Fastebene freipräpariert. Bereits präquartär muß eine Tiefenerosion angenommen werden, denn mit einer Hebungsdifferenz vom Zentrum der Aufwölbung zu den Randgebieten von 300–400 m errechnet sich eine Neigung des Altreliefs von 2–3 % (BRUNOTTE & GARLEFF 1979).

Im klimatisch heterogenen Pleistozän entstanden die wesentlichen Elemente des heutigen Landschaftsbildes. In Abhängigkeit von den geologisch-tektonischen Verhältnissen und der Lage zum Vorfluter wurden in sehr unterschiedlicher Intensität Täler eingetieft. Die Hänge wie auch die Talböden kleinerer Täler wurden fast vollständig mit Fließerden und Lößablagerungen überzogen. Während die Lößmächtigkeiten an der Solling-NE-Abdachung selten mehr als einen Meter betragen, schließen im Einbeck-Markoldendorfer Becken häufig mehrere Meter dicke jungwürmzeitliche Lößlagen bzw. deren Umlagerungsprodukte die präholozänen Sedimente nach oben hin ab. In den Taltiefenlinien der größeren Täler bilden z.T. randlich von Löß überlagerte Schotterflächen die Ausgangsbasis für die holozäne Reliefentwicklung.

c. Vegetation, Siedlung

Seit der Ablösung der Tundrenvegetation des Spätglazials durch den präborealen Birken-Kiefern-Wald ist das Untersuchungsgebiet an der Solling-NE-Abdachung bewaldet. Nach STECKHAHN (1961: 544) gehören „die ältesten im Pollendiagramm nachweisbaren (schwachen) Siedlungseinflüsse im Solling ... an den Beginn der geschlossenen Buchenkurve", die SCHNEEKLOTH (1967) aufgrund von C 14 - Untersuchungen auf 3500 v.Chr. datiert. Im südlichen Leinetal läßt sich nach HÖCKMANN (1970) die älteste Neolithkultur, die der Linienbandkeramiker, schon im späteren 5. Jahrtausend v.Chr. nachweisen, und aus dem Einbeck-Markoldendorfer Becken sind ebenfalls Siedlungen der Linienbandkeramiker und der Rössener Kultur aus dem mittleren Neolithikum bekannt (GESCHWENDT 1954, MAIER 1976). Da in beiden Kulturen Ackerbau betrieben wurde, müssen im Leinetal und im Einbeck-Markoldendorfer Becken in dieser Zeit Rodungen des Eichenmischwaldes durchgeführt worden sein, während im Solling das natürliche Vegetationsbild nur sehr geringfügig umgestaltet wurde. Wahrscheinlich ist das Einbeck-Markoldendorfer Becken seit dieser Zeit durchgehend besiedelt, wenn auch die Besiedlungsdichte starken Schwankungen unterlegen haben könnte (GUSMANN 1928, GESCHWENDT 1954, PLÜMER 1961, STECKHAHN 1961, CLAUS 1970, HÖCKMANN 1970, RADDATZ 1970, MAIER 1976).

Eine deutliche Ausweitung des besiedelten Raumes erfolgte in der Merowinger- und der anschließenden Karolingerzeit. Während PLÜMER (1961) den Beginn der starken Aufsiedlung bereits in das 5. Jh. n.Chr. stellt, datiert ihn NOWOTHNIG (1970) ins 7. Jh., und STECKHAHN (1961) und SCHNEEKLOTH (1967) legen ihn über den Beginn der geschlossenen Getreidekurve auf 750 n.Chr. fest. Im Landkreis Alfeld soll sich in dieser Periode von etwa 500 bis 1000 n.Chr., deren Ortsgründungen häufig die Namensendung „-hausen" tragen, die Siedlungsfläche um mehr als 50 % vergrößert haben, und im Kreis Northeim sind neben den schon vorhandenen 22 Orten 72 Orte zusätzlich entstanden (MITTELHÄUSSER 1952, 1957). Mit der Gründung des Klosters Hethis 815 n.Chr. drang der Ackerbau aus den Tieflagen auch erstmals in die Hochlagen des Sollings vor. Das Kloster lag nach KAHRSTEDT (1957, 1961) in der Nähe des heutigen Ortes Silberborn, konnte sich wegen der ungünstigen Lage aber nur bis 822 halten und wurde dann unter dem Namen Corvey nach Höxter verlegt.

Der bis zu diesem Zeitpunkt nur sehr wenig anthropogen beeinflußte Wald an der Solling-NE-Abdachung wurde besonders seit der hochmittelalterlichen Rodungsphase einer immer stärkeren Nutzung unterworfen. Bis in eine Höhe von 400 mNN entstanden vorwiegend auf Viehhaltung ausgerichtete Orte, die allerdings nur bis zur Wüstungsperiode des späten 14. und frühen 15. Jh. aushielten.

Für diesen Zeitraum muß auch für das Einbeck-Markoldendorfer-Becken ein erheblicher Besiedlungsrückgang angenommen werden. Nach KÜHLHORN (1976) beträgt der Wüstungsquotient im Gebiet des südlich an das Becken angrenzenden Blattes L 4324 Moringen 54 %.

Seit dem 12. Jh. wurde Köhlerei betrieben, und Ende des 14. Jh. begann die Glasherstellung im Solling (FEISE 1925, DENECKE 1976b). Nach den Untersuchungen von HILLEBRECHT (1982) wurden zur Verkohlung zwar bevorzugt stärkere Buchen geschlagen, doch wurde in Holzmangelzeiten auch auf Jungwuchs zurückgegriffen, so daß es phasenweise zu Kahlschlägen gekommen sein könnte. Diese werden besonders an etwas stärker geneigten Hängen und in den Taltiefenlinien entstanden sein, da Meilerstellen und Glashütten hier besonders häufig angelegt wurden. Die flacheren Lagen wurden sicher eher als Hudewald genutzt (ELLENBERG 1963), so daß hier der Wald – z.T. aktiv durch die Hirten – gelichtet und die Eiche gefördert wurde. Wie weit die Lichtung der Wälder bis zum 15. Jh. vorangetrieben wurde und wie weit sie in die zentralen Teile des Sollings vordrang, läßt sich nur schwer abschätzen. Dazu schreibt KÜHLHORN (1976: 59): „Auf den Hochflächen des Sollings ist die Möglichkeit, daß Flachackerbau betrieben worden ist, zwar nicht auszuschließen, aber doch recht gering, denn einmal fehlen jegliche entsprechende Relikte wie Lesesteinhaufen und -reihen oder Blockwälle, und überdies war ja, wie die vorhandenen fossilen Felder zeigen, Wölbäckerbau im Solling keineswegs unbekannt".

Wölbäcker selbst kommen nur in räumlich eng begrenzten Arealen in der Nähe der heutigen Wüstungen vor.

Nach der sehr detaillierten Untersuchung von REDDERSEN (1934) war der Wald bis nach dem 30jährigen Krieg in einem guten Zustand, und erst Ende des 17. Jh. wurde durch die weiter zunehmende Nutzung das Waldbild stärker verändert. Durch die hohe Beanspruchung entstanden viele Blößen, die in den Verhandlungen des Hils-Solling-Vereins von 1857 folgendermaßen beschrieben werden (zitiert nach TACKE 1943: 54): „Bestanden waren diese Blößen über ‚einer dicken, dichten Decke von Moos, Heidelbeerkraut, Gras und einem Walde von Farnen' nur mit ‚einzelnen alten Eichen, einzelnen rauhen Buchen, Buchenhörsten und Pflanzeichenpartien von mittlerem Alter' und ‚rauhen, in die Äste sehr verbreiteten,

2 bis 3 Ruten' (9 bis 14 m) ‚weit auseinanderstehenden, größtenteils kurzschäftigen alten Buchen und Eichen'."

Um 1850 mußten wegen des Fehlens schlagreifer Bäume die Hauungen für Köhlerei, Glasherstellung, Schiffbau und Flößerei drastisch reduziert werden. Dadurch und durch die 1735 begonnene Aufforstung mit Fichte besserte sich die Waldstruktur aber schnell wieder, so daß es im Jahr 1881 in den Forstämtern Seelzerthurm, Dassel und Knobben, die einen großen Anteil an dem Gebiet der Solling-NE-Abdachung haben, keine Blößen mehr gab.

Die letzte Phase der Waldwirtschaft ist gekennzeichnet durch das Nebeneinander von Kahlschlagbetrieb auf den sich langsam ausbreitenden Nadelwaldflächen und Plenterwirtschaft in den naturnahen Laubwaldgebieten.

Siedlungsperioden und wichtige klimatisch bedingte Erosionsphasen sind zusammenfassend in Tab. 1 dargestellt worden.

Tab. 1:
Siedlungsperioden und wichtige klimatisch bedingte Erosionsphasen

ZEITRAUM	PERIODEN, EREIGNISSE	AUTOREN
spätes 17.–18. Jh.	absolutistischer Landesausbau	BORN (1974; 1977)
	Eichsfeld: 1744–1792 Phase mit starker linearer Erosion	BORK (1983)
15.–17. Jh.	frühneuzeitlicher Landesausbau	DENECKE (1976a)
		KÜHLHORN (1976)
		BORN (1977)
14.–Mitte 15. Jh.	Wüstungsperiode, Klimaverschlechterung	DENECKE (1976a)
	Eichsfeld: Phase starker linearer Erosion im frühen 14. Jh.	KÜHLHORN (1976)
		BORK (1981, 1983, 1985)
12.–13. Jh.	hochmittelalterliche Rodungsphase	DENECKE (1976a)
Mitte 8.–9. Jh.	frühmittelalterliche Rodungsphase	STECKHAHN (1961)
		SCHNEEKLOTH (1967)
		DENECKE (1976a)
frühmittelalterlich bis nacheiszeitlich	Besiedlungsarmut	PLÜMER (1961)
		CLAUS (1970)
		NIEMEIER (1972)
ältere Eisenzeit und jüngere Bronzezeit	Einbeck-Markoldendorfer Becken: wahrscheinlich Siedlungsschwerpunkt Solling: Siedlungsarmut	PLÜMER (1961)
		CLAUS (1970)
ältere Bronzezeit und jüngeres Neolithikum	Besiedlungsarmut, möglicherweise stärkere Besiedlung durch Schnurkeramiker	PLÜMER (1961)
		CLAUS (1970)
		HÖCKMANN (1970)
		MAIER (1976)
mittleres und älteres Neolithikum	relativ hohe Besiedlungsdichte während der Linienbandkeramik, Stichbandkeramik und der Rössener Kultur	GESCHWENDT (1954)
		PLÜMER (1961)
		MAIER (1976)
3500 v.Chr.	Siedlungseinfluß in Pollendiagrammen des Sollings nachweisbar	STECKHAHN (1961)
		SCHNEEKLOTH (1967)
späteres 5. Jt. Mesolithikum	Linienbandkeramiker im südlichen Leinetal Besiedlung (Wohnplätze? Rastplätze?) nachgewiesen	HÖCKMANN (1970)
		MAIER (1976)
Paläolithikum	Datierung einiger Funde noch unsicher	MAIER (1976)

3. Untersuchungsmethoden

Die Geländearbeiten wurden begonnen mit einer morphographischen Kartierung der Solling-NE-Abdachung. Im linken Teil des Ilme-Einzugsgebietes wurden auch die Talhänge und die Verebnungsflächen in die Kartierung einbezogen. Im rechten Einzugsgebiet wurden diese Bereiche aus Zeitgründen und wegen der sehr geringen bis fehlenden holozänen Morphodynamik nur noch stichprobenhaft erfaßt. Das Schwergewicht der Kartierung wurde auf die Tiefenlinien gelegt. Da an der Solling-NE-Abdachung Täler mit hohem Längsgefälle fehlen, wurden zu Vergleichszwecken kleine, durch die geringe Distanz zum Vorfluter Weser sehr steile Täler im Bramwald in die Untersuchung einbezogen.

Zur Untersuchung der Sedimente wurden Aufschlüsse gegraben und über 900 Flachbohrungen durchgeführt. Für tiefere Bohrungen wurde dabei die auf dem Geländefahrzeug des Geographischen Instituts Göttingen montierte, mit LINNEMANN-Gestänge arbeitende Bohrvorrichtung benutzt. Flachere Bohrungen wurden von Hand entweder mit dem LINNEMANN-Gestänge oder mit dem PÜRCKHAUER-Bohrstock ausgeführt. Die Lage der Bohrungen wurde mit Maßband und Klinometer oder Tachymeter eingemessen, um die Ergebnisse in Längs- und Querprofile eintragen zu können.

Zur Unterstützung der Fingerprobe wurde die Bodenart von Sedimentproben im Labor des Geographischen Instituts mit dem KÖHN-Pipett-Verfahren bestimmt.

Der Gehalt an organischem Material wurde durch Glühen im Muffelofen ermittelt. Um zufallsbedingte Schwankungen weitgehend auszuschalten, wurden von jeder Probe drei Humusbestimmungen durchgeführt. Die absoluten Beträge der so erhaltenen Humusgehalte sind generell um 1−2 % zu hoch. Besonders in stark tonhaltigen oder carbonatreichen Proben kann ein zu hoher Humusgehalt durch Entweichen von Kristallwasser aus den Tonmineralien bzw. Kohlendioxid aus Karbonaten vorgetäuscht werden (BARSCH u.a. 1968). Diese Fehler müssen bei der Interpretation der im Text angegebenen Werte berücksichtigt werden.

Die Farbe von 160 Proben wurde im feuchten Zustand nach den MUNSELL-Soil Color Charts bestimmt.

Zur Feststellung des Kalkgehaltes wurde die Apparatur nach SCHEIBLER benutzt. Diese wie auch der größte Teil der übrigen Laborarbeiten wurde von Frau G. OELRICH durchgeführt.

Um fluviale Schotter gegen Schotter aus Fließerden abgrenzen zu können, wurde der Zurundungsindex I der Kiese nach CAILLEUX berechnet.

$(I = d * 1000 : L \quad d =$ Durchmesser der kleinsten Rundung [mm]
$L =$ größte Länge [mm])

Prof. M. E. GEYH, Niedersächsiches Landesamt für Bodenforschung Hannover, datierte fünf Proben nach der C 14-Methode, zwei davon wurden dendrochronologisch korrigiert.

Prof. E. GRÜGER, Palynologisches Institut Göttingen, untersuchte zwölf Proben auf ihre pollenanalytische Datierbarkeit, von denen drei datierbar waren.

Dr. E. SCHRÖDER, Göttingen, datierte Keramikfunde.

II. ILME-UNTERLAUF

Ein Untersuchungsschwerpunkt war die Talaue der Ilme von Relliehausen bis zur Mündung in die Leine. In diesem 20 km langen, als "Unterlauf" bezeichneten Abschnitt durchfließt die Ilme die größtenteils ackerbaulich genutzte Rötsenke zwischen Relliehausen und Dassel und flußabwärts der Engstelle zwischen den Muschelkalk-Schichtstufen Amtsberge und Ellenser Wald das Einbeck-Markoldendorfer Becken.

Das Relief dieses Beckens ist gekennzeichnet durch weitgespannte Ebenheiten, die von mächtigen Lößdecken überzogen werden. Im Liegenden der Lösse folgen die Ton- und Mergelsteine des Unteren Lias, untergeordnet auch die Ton-, Sand- und Mergelsteine des Oberen und Mittleren Keupers.

Wegen der Lößdecken wurde das Einbeck-Markoldendorfer Becken früh besiedelt und ackerbaulich genutzt. Heute ist in dem ca. 100 km^2 großen Becken fast nur Ackerland vorhanden. Nur 0,2 km^2 sind mit Wald bestanden, Grünland beschränkt sich auf kleine Areale in den Talauen.

Die Talbreite der Ilme erreicht im Unterlauf mehrere hundert Meter (Abb. 11), das Längsgefälle liegt meist deutlich unter 1 % (Mittelwert = 0,4 %, im Einbeck-Markoldendorfer Becken = 0,26 %; Abb. 10).

A. Sedimente

Um typische Eigenschaften, Mengen und Ablagerungsintensitäten der verschiedenen Sedimente zu erfassen, wurden auf der 4,3 km^2 bedeckenden Talaue der unteren Ilme 24 Querprofile mit insgesamt 238 Bohrungen aufgenommen, wobei die Dichte der Querprofile und Bohrungen stark schwankt. Wenn größere Veränderungen zu erwarten waren oder sich andeuteten, wurde die Dichte erhöht.

In den Abb. 50–58 sind einige der Querprofile dargestellt, deren Lage aus der Abb. 59 im Anhang ersichtlich ist.

Zusätzlich zu den eigenen Bohrungen erhielt ich Einsicht in die Bohrprotokolle des Niedersächsischen Landesamtes für Bodenforschung (HEIMBACH 1960; ROHDE 1974; WALDECK 1974) und von Prof. E. BRUNOTTE.

1. Erscheinungsform, Stratigraphie

a. Schotter

Die Basis der holozänen fluvialen Sedimente bilden randlich von jungwürmzeitlichem Löß überlagerte Schotterflächen, die zum größten Teil aus rötlichbraunen bis braunen Sanden und Kiesen des Mittleren Buntsandsteins mit wechselnden Anteilen aus Muschelkalk und Keuper bestehen und sich mit den Schotterflächen der Leine verzahnen. Organisches Material kann eingearbeitet sein. Auf eine Gliederung der Schotter wurde mangels geeigneter Aufschlüsse verzichtet. Die Grenze zwischen Schotter und Auenlehm bzw. Schotter und humoser Basisschicht ist an der Ilme fast immer scharf. Gradierungen im Schotterkörper, nach der Fluviatilen Serie der L-Terrassen SCHIRMERs (1983a) typisch für die Ablagerung eines mäandrierenden Flusses, lassen sich an den – allerdings recht spärlichen – Aufschlüssen im Ilmetal nicht erkennen.

b. Humose Basisschicht

Im Hangenden der Schotter folgt ein immer humoses, primär kalkfreies Sediment, im dem häufig Holzstückchen enthalten sind. Durch den hohen, im Mittel 7,8 % (n = 19) betragenden Gehalt an organischem Material liegt die erdfeucht bestimmte Farbe dieser humosen Basisschicht im Bereich dunkel- bis sehr dunkelgrau und dunkelbraun (7,5–10 YR 3–4/1–2). Die Bodenart variiert zwischen „Tu3" und „S", am häufigsten ist nach der Fingerprobe „Slu". Die aus acht Korngrößenanalysen berechnete mittlere Bodenart (Ut3; T = 14%, U = 59%, S = 27%) ist daher zwar nicht ganz repräsentativ, die Summenkurve zeigt aber trotzdem den Unterschied zum hangenden Auenlehm (Abb. 3). Kiese fehlen so gut wie ganz, der Übergang zwischen den liegenden Schottern und der humosen Basisschicht ist scharf.

c. Älterer Auenlehm

Entweder direkt dem Schotter oder der humosen Basisschicht liegt ein primär kalkfreier Auenlehm auf, dessen Korngrößenspektrum dem des Lösses sehr ähnlich ist. Die häufigste Bodenart nach der Fingerprobe sowie die durchschnittliche Bodenart der an fünf Proben durchgeführten Korngrößenanalysen ist „Ut3" (T = 16 %, U = 76 %, S = 8 %). Der Sandanteil ist im Durchschnitt deutlich niedriger als in der humosen Basisschicht (Abb. 3, 4). Abweichungen bis zu „Tu3–4" und „S" sind aber in Verbindung mit der Ablagerung als Uferwall nicht selten.

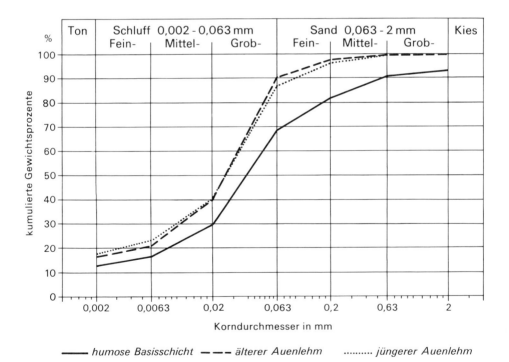

Abb. 3:
Korngrößen-Summenkurven der holozänen fluvialen Sedimente im unteren Ilmetal

Eine Verringerung der Korngröße zur Mündung hin, wie sie MENSCHING (1951b) – allerdings für größere Flüsse – annahm, war nicht festzustellen. Mit der einen Ausnahme, daß der Auenlehm in der Engstelle zwischen dem Ellenser Wald und den Amtsbergen überdurchschnittlich sandig ist, tritt kein Flußabschnitt mit einer besonderen Abweichung von der typischen Bodenart hervor.

Die Farbwerte liegen meist im Bereich braungrau bis graubraun (5–10 YR 3–4/2–4, Median = 10 YR 4/4). Während bei der humosen Basisschicht die Hue-Werte 7,5 und 10 YR etwa zu gleichen Anteilen vorkommen, dominiert im Auenlehm der Hue-Wert 10 YR. Nur an der Einmündung von Nebenflüssen und an der Basis tritt häufiger der einen höheren Hämatitgehalt anzeigende Hue-Wert 7,5 YR auf, der auf den erhöhten Sedimentanteil aus Buntsandstein-Gebieten hinweist.

Der typischerweise auf älterem Auenlehm ausgebildete Bodentyp ist ein allochthoner brauner Auenboden (Ah–M). Der A-Horizont ist auch unter jüngerem Auenlehm häufig vorhanden, kann dort aber auch ganz fehlen. Im A-Horizont beträgt der Humusgehalt 6,4 % (n = 10), im M-Horizont 3,6 % (n = 40), der damit deutlich schwächer humos ist als die liegende humose Basisschicht.

In vielen Profilen war im M-Horizont eine Abnahme des Humusgehaltes zur Auenlehmbasis hin festzustellen (Abb. 6), die im Durchschnitt knapp die Hälfte des ursprünglichen Wertes ausmacht[2]. Sie ist nicht gekoppelt mit einer gleichgerichteten Zunahme gröberer, minerogener Bodenbestandteile. Allerdings ist dem älteren Auenlehm an einigen Stellen jüngerer Auenlehm aufgelagert, und an diesen Stellen (B 623, 628, Abb. 5) kann im älteren Auenlehm sogar ein gegenläufiger Gradient – eine Zunahme des Humusgehaltes mit der Tiefe – vorkommen.

Der ältere Auenlehm liegt Schottern und humoser Basisschicht auf und wird selbst von jüngeren Schwemmfächern und jüngerem Auenlehm überlagert. Die Basis des älteren Auenlehms und die Basis der älteren Kolluvien und Schwemmfächer liegen auf gleicher Höhe.

d. Jüngerer Auenlehm

In zwölf der 24 Querprofile im Unterlauf der Ilme ließen sich zwei Auenlehme unterscheiden.

Mit dem Begriff „jüngerer Auenlehm" wird dabei im folgenden nicht ein im gesamten Tal gleiches Sediment, sondern vielmehr eine Gruppe von Sedimenten ähnlicher Erscheinung und – soweit datierbar – neuzeitlicher Entstehung bezeichnet, wobei der Entstehungsbeginn innerhalb der Neuzeit starken Schwankungen unterliegt.

Der jüngere Auenlehm ist im Gegensatz zum älteren Auenlehm mit wenigen Ausnahmen primär kalkhaltig, die Kalkgehalte liegen in der Regel zwischen „c1" und „c3". Eine zusätzliche sekundäre Aufkalkung hat bei einigen Querprofilen stattgefunden. Im Q I 63 wurde z. B. ein sehr hoher Kalkgehalt (= c5) festgestellt, der durch kalkhaltiges Hangwasser aus einem Muschelkalkgebiet entstand.

Die durchschnittliche Bodenart nach den Korngrößenanalysen und der Fingerprobe ist „Ut4" (T = 18 %, U = 69 %, S = 13 %; n = 16). Der gegenüber dem älteren Auenlehm um

---

[2] Eine statistische Untersuchung dieser Beziehung ergab eine lineare Korrelation der Form
$y = -0,6 x + 112$ ($r = -0,75$; $n = 26$).
x = relative Tiefe, Gesamtmächtigkeit des M-Horizontes = 100
y = relativer Humusgehalt, höchster Humusgehalt im M-Horizont = 100

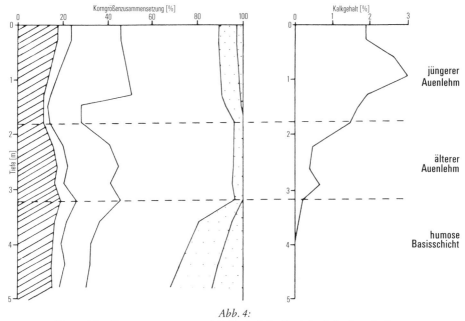

Abb. 4:
Korngrößen-Zusammensetzung und Kalkgehalt der fluvialen holozänen Sedimente des unteren Ilmetales am Beispiel der Bohrung 784 (Q I 63)

5 % erhöhte Sandgehalt geht überwiegend zu Lasten des Schluffes (Abb. 4). In den oberen Bereichen des Unterlaufes ist die Zunahme des Sandgehaltes besonders deutlich.

Die Farbe liegt im Durchschnitt wie im älteren Auenlehm im Bereich braungrau bis graubraun (5–10 YR 3–5/2–6), am häufigsten war der Wert 10 YR 3/3, gefolgt von 10 YR 4/4.

Auf dem jüngeren Auenlehm ist normalerweise ein Ap-Horizont entwickelt, in dem der Humusgehalt bei 4,9 % (n = 4) liegt. Im M-Horizont beträgt er 3,2 % (n = 14), also in beiden Fällen etwas weniger als im älteren Auenlehm.

Wie auch beim älteren Auenlehm kann es im M-Horizont zu einer Abnahme des Humusgehaltes mit der Tiefe kommen (Abb. 6, B 755, Q I 53; außerdem ohne Abb. B 608, Q I 57). In beiden Fällen ist der jüngere Auenlehm als Uferwall abgelagert. Kein Gradient ist in den darauf untersuchten Querprofilen I 60 (B 622, 623) und I 62 (B 628; Abb. 5) vorhanden. Q I 60 liegt direkt an der Einmündung der Rebbe vor einer Engstelle, Q I 62 im Mündungsgebiet der Ilme.

Der jüngere Auenlehm überdeckt im Ilme-Mündungsgebiet flächenhaft den älteren Auenlehm, im übrigen Lauf kommt eine Überdeckung zwar in Form von Uferwällen vor. Häufiger wurde er dort aber in verfüllten Flußschlingen abgelagert. Er liegt dann in gleicher Höhenlage oder auch tiefer als der ältere Auenlehm. Die Basis des jüngeren Auenlehms liegt in gleicher Höhe wie die Basis der jüngeren Schwemmfächer.

e. Schwemmfächer

Vier Querprofile (Q I 44, 51, 61, 63) wurden so gelegt, daß in die Talaue vorstoßende Schwemmfächer abgebohrt werden konnten, um über die Verzahnung Schwemmfächersediment / Auenlehm mögliche stratigraphische Hinweise zu erhalten.

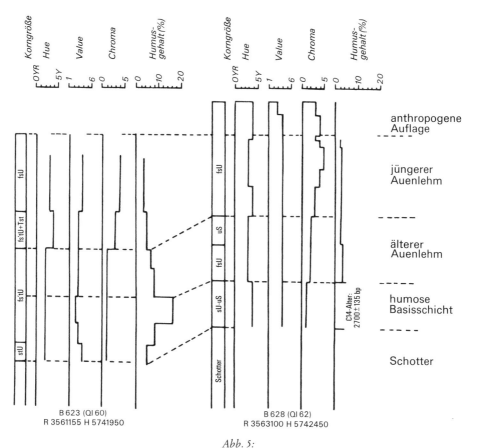

Abb. 5:
Unterschiede zwischen den fluvialen Sedimenten des unteren Ilmetales in den Bohrungen 623 und 628

Das Sediment der Schwemmfächer unterscheidet sich in Abhängigkeit vom Einzugsgebiet erheblich.

Im Einzugsgebiet des Schwemmfächers im Q I 51 bildet ausschließlich Löß die Oberfläche. Die Bodenart des Schwemmfächersedimentes liegt daher zwischen „Ut3" und „Us", wobei der Sandanteil von unten nach oben zunimmt. An der Oberfläche ist ein dunkelbrauner A-Horizont ausgebildet, darunter zeigt das Sediment bei einem Humusgehalt von 2 % (P 738.1 + 2) hydromorphe Merkmale (Eisen- und Mangankonkretionen, Farbe beige und beige-ocker marmoriert). Der Schwemmfächer überlagert Torf und humose Basisschicht, unter denen schwach kieshaltige Lias-Fließerde ansteht. In diesem Querprofil geht das Schwemmfächersediment ohne sichtbare Veränderung in den Auenlehm der Talsohle über.

Die anderen Schwemmfächer haben Einzugsgebiete, in denen Muschelkalk ansteht. Ihr Material unterscheidet sich durch starken bis sehr starken Kalkgehalt und die gelbbraune Färbung deutlich vom Auenlehm bzw. dem Schwemmfächersediment des Q I 51. Außerdem sind zur Schwemmfächerwurzel hin zunehmend Kalksteine eingestreut.

Der Schwemmfächer im Q I 61 (Abb. 57) zeigt einen deutlichen Ap-Horizont, sonst sind keine Horizontierungen erkennbar. Im liegenden älteren Auenlehm ist ein Gley mit der

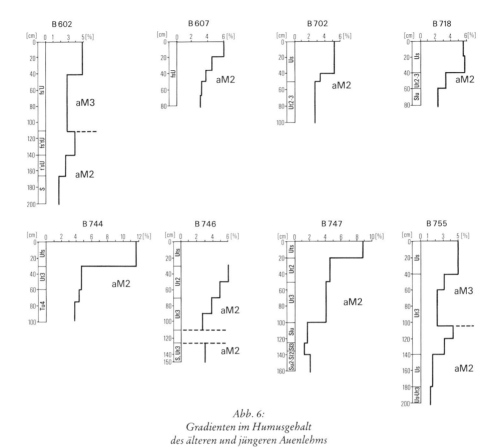

Abb. 6:
Gradienten im Humusgehalt
des älteren und jüngeren Auenlehms

Horizontfolge AhM-GoM-GrM (B 897) bzw. AhGoM-GoM (B 898, 899) entwickelt. Der Go liegt wegen der starken Akkumulation und Flußbetterhöhung an dieser Stelle mindestens zur Hälfte seiner Mächtigkeit unter der heutigen Grundwasserlinie und vollständig in der Zone kapillarer Wassersättigung, d.h. es handelt sich um einen reliktischen Horizont. Das Schwemmfächersediment liegt ohne dazwischenliegende, dem jüngeren Auenlehm zuzurechnende Sedimente auf dem im älteren Auenlehm ausgebildeten A-Horizont. In den oberhalb und unterhalb gelegenen Querprofilen wird der ältere Auenlehm dagegen von jüngerem Auenlehm überlagert.

Im Q I 44 liegt ebenfalls kalkhaltiges Schwemmfächermaterial auf kalkfreiem Auenlehm. Jüngerer Auenlehm ist im Bereich dieses Querprofils nicht abgelagert worden.

Das in Q I 63 (Abb. 58) erbohrte Schwemmfächermaterial ließ sich ebenfalls von den Auenlehmen trennen. Im Gegensatz zum Schwemmfächer in Q I 61 lag dieser aber nicht dem älteren Auenlehm auf, sondern der humosen Basisschicht. Die Schwemmfächersedimente müssen wenigstens im unteren Bereich vor der Bildung des älteren Auenlehms abgelagert worden sein. Ein in zwei Bohrungen (B 787, 788) gefundener Humushorizont deutet auf eine zweiphasige Entstehung mit zwischengeschalteter Ruhephase hin.

f. Kolluvien

In fünf Querprofilen wurden Kolluvien angetroffen (Q I 50, 52, 54, 57, 58). Die Bodenart liegt zwischen „Ut2" und „Ut4", die Farbe ist in der Regel dunkelbraun. In B 601 (Q I 52, Abb. 53) war der MUNSELL-Wert 10 YR 3/2 bei einem Humusgehalt von 4,6 %.

In Q I 57 (Abb. 55) konnte durch einen ausgeprägten fossilen A-Horizont eine zweiphasige Entstehung nachgewiesen werden. Das auf einem tiefschwarzen, Schneckenhäuser enthaltendem Horizont ausgebildete Kolluvium verzahnt sich allerdings nicht mit den fluvialen Sedimenten der Talsohle.

Im Q I 58 liegt dagegen ein Kolluvium über älterem Auenlehm, in dem ein A-Horizont entwickelt ist.

Die Kolluvien in den Querprofilen I 50, 52 und 54 ergeben keine weiteren Hinweise zur stratigraphischen Einordnung, da sie sich entweder nicht mit den Auenlehmen verzahnen (Q I 50) oder sich nur aufgrund der Hangneigung, nicht aber aufgrund der Beschaffenheit von ihnen unterscheiden lassen (Q I 52, 54).

2. Vorkommen, Mächtigkeit, Menge

a. Schotter

Schotter sind unter den feinkörnigen Deckschichten im gesamten Unterlauf der Ilme flächenhaft verbreitet. Nur im Bereich dreier Querprofile (Q I 51, 56, 61; Abb. 57) sind mit humoser Basisschicht verfüllte Rinnen bis in das Anstehende im Liegenden der Schotter eingeschnitten. Im Q I 56 hat sich auch das heutige Flußbett, dessen Sohle mit einer dünnen Schicht rezent verlagerter Schotter bedeckt ist, in den anstehenden Keuper eingegraben. Mächtigkeit und Menge der Schotter wurden nicht erfaßt.

b. Humose Basisschicht

Die humose Basisschicht ist fast im gesamten Unterlauf ausgebildet. Sie fehlt nur in der Engstelle zwischen Ellenser Wald und den Amtsbergen und in der darauffolgenden Talerweiterung (Abb. 13, km 14–16). Ihr am weitesten flußaufwärts gelegenes Vorkommen liegt am Rand des bewaldeten Sollings (Q I 40; Q I 39 nur in einer Bohrung).

Die humose Basisschicht erreicht im Mündungsgebiet der Ilme mit durchschnittlich 2–3 m ihre größte Mächtigkeit, die in Rinnen maximal 4,1 m betragen kann. Oberhalb der Engstelle bei Salzderhelden (Q I 61), in der die Basisschicht in den Rinnen noch 2,5 m mächtig ist, werden mit Ausnahme des Q I 52 (Abb. 7), das wenig flußabwärts der Bewer-Einmündung liegt, in Rinnen nur noch ca. 1 m und flächenhaft nur wenige Dezimeter erreicht. Die mittlere Mächtigkeit ohne Berücksichtigung des Mündungsgebietes beträgt 20 ± 22 cm. Die humose Basisschicht ist flußaufwärts der Engstelle nicht nur dünner als im Mündungsgebiet, sie setzt auch oft aus. Inseln aus Schottermaterial, denen direkt Auenlehm aufliegt, sind von Rinnen und Vertiefungen umgeben, die mit humosem, sandig-schluffigem Sediment gefüllt sind. Ähnliche Verhältnisse sind auch von der Leinetalaue bekannt (WILLERDING 1960, WILDHAGEN & MEYER 1972).

Bei der Berechnung der Menge wurde das für den Gesamtlauf untypische Mündungsgebiet ausgeklammert. Datenbasis für die Berechnung der Menge sind die Querprofile 40–59. An jedem Querprofil wurde zuerst die Querschnittsfläche der humosen Basisschicht ermit-

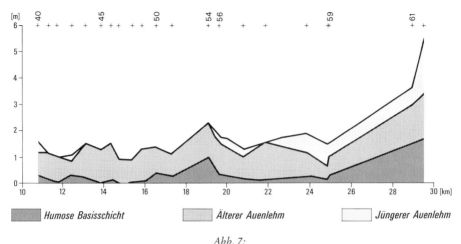

Abb. 7:
Vorkommen und Mächtigkeit der holozänen Sedimente im Talverlauf der unteren Ilme

telt. Dazu wurde die mittlere Mächtigkeit des Sediments mit der Talbreite multipliziert. Die Werte sind in Abb. 7, 11 und 13 graphisch dargestellt.

Die Querschnittsfläche wird dann mit der Länge des Talabschnittes multipliziert, den ein Querprofil repräsentiert. Der einem Querprofil zugehörige Abschnitt ergibt sich dabei aus jeweils der Hälfte der Strecke zu den beiden benachbarten Querprofilen. Die entsprechenden Werte sind in der Tab. 10 im Anhang zusammengestellt. Bei einer derartigen Berechnung kann nicht die insgesamt abgelagerte Basisschicht erfaßt werden. Durch Veränderungen des Flußlaufes können bereits abgelagerte Sedimente wieder entfernt und erneuert werden, so daß nur die zum heutigen Zeitpunkt vorhandene Menge erfaßt wird. Es wurde vorausgesetzt, daß die Mehrzahl der Bohrungen den ursprünglichen Zustand direkt vor der flächenhaften Auenlehmüberdeckung wiederspiegelt und seit der Zeit Abtragung und Erneuerung in etwa gleich blieben.

Im Tal der Ilme – zwischen km 10,7 und 28,9 – liegen danach insgesamt 1,2 Mio. m^3 humose Basisschicht. Das sind 18 % der fluvialen holozänen Sedimente des unteren Ilmetales, wobei mögliche holozäne Schotterumlagerungen unberücksichtigt bleiben.

c. Älterer Auenlehm

Der ältere Auenlehm ist flächenhaft in der gesamten Talaue der unteren Ilme vorhanden und fehlt nur an den Stellen, wo er durch Verlagerungen des Flusses wieder ausgeräumt wurde. Seine distale Grenze findet er wie die humose Basisschicht und der jüngere Auenlehm am Rand des bewaldeten Sollings (Q I 40). In Abb. 8 ist die Mächtigkeit der nicht gegliederten Auenlehme in diesem Bereich dargestellt. Obwohl sich nach Süden der 10 km lange Oberlauf der Ilme mit einem großen, bewaldeten Einzugsgebiet anschließt, werden die Auenlehme schnell dünner und sind ca. 1 km südlich von Relliehausen von einem sandigen, jüngeren Sediment abgelöst worden. Der nur 2 km lange, von Hilwartshausen kommende Bach entwässert dagegen ein kleines Ackerlandareal. In seiner Talaue bleiben die Auenlehme bis nahe zum Bachursprung relativ mächtig. Die in der Karte hervortretenden Zonen besonderer Mächtigkeit sind verfüllte Flußbetten.

Die Mächtigkeit des älteren Auenlehms unterliegt bezogen auf den Talverlauf nur geringen Schwankungen (mittlere Mächtigkeit ohne Berücksichtigung des Mündungsgebietes = 99 ± 25 cm). Die Streuung wird im wesentlichen hervorgerufen durch verfüllte Rinnen und Uferwälle (Abb. 8, 9), die abweichend von der Auffassung MENSCHINGS (1951b: 204), nach der Uferwälle in den Talböden der Mittel- und Unterläufe nicht auftreten, bis zur distalen Verbreitungsgrenze des Auenlehms vorkommen. Nur im Mündungsgebiet ist der ältere Auenlehm wie die humose Basisschicht und der jüngere Auenlehm deutlich mächtiger als im übrigen Lauf. Der Unterschied zum Mittelwert ist aber geringer als bei den anderen Sedimenten (Tab. 2).

Tab. 2:
Mächtigkeit und Akkumulationsraten der Sedimente im Ilme-Mündungsgebiet (Q I 62) im Vergleich zu den durchschnittlichen Raten

Sediment	humose Basisschicht	älterer Auenlehm	jüngerer Auenlehm
(1) Mächtigkeit (cm)	165	165	197
(2) Bildungsdauer (a)	9000	600	500
(3) Akkumulationsrate (mm/a)	0,2	2,8	3,9
(4) mittlere Mächtigk. ohne Mündungsgeb. (cm)	22	99	17
(5) mittlere Akkumulationsrate (mm/a)	0,02	1,7	0,3
Quotient aus (1) und (4)	7,5	1,7	11,6

Wegen der geringen Veränderungen der Mächtigkeit ist die Menge in sehr hohem Maße von der Talbreite abhängig[3] (Abb. 16), und das umso mehr, wenn man die ausgeräumten und durch jüngeren Auenlehm wieder verfüllten Bereiche zum älteren Auenlehm hinzuzählt. Der Koeffizient der linearen Korrelation ist in diesem Fall r = 0,88.

Im Unterlauf der Ilme — ohne den gemeinsamen Überschwemmungsbereich Ilme-Leine — wurden 4,3 Mio. m³ älterer Auenlehm abgelagert (= 67 % der holozänen fluvialen Sedimente). Wie bei der humosen Basisschicht bezieht sich die Angabe auf die heute im Talgrund liegende Menge. In vielen Querprofilen ist aber älterer Auenlehm ausgeräumt und durch jüngeren ersetzt worden. Die ausgeräumte Menge beträgt noch einmal 0,4 Mio. m³.

d. Jüngerer Auenlehm

Zusätzliche, älterem Auenlehm aufliegende Vorkommen des jüngeren Auenlehms beschränken sich auf Teilbereiche des Talverlaufes.

In Q I 40, dem am weitesten talaufwärts gelegenen Vorkommen, konnte ein uferwallförmig aufgeschütteter, Holzkohle-Partikel enthaltender jüngerer Auenlehm abgegrenzt werden. Die Mächtigkeit am Ilmeufer beträgt 90 cm.

---

[3] Eine statistische Untersuchung ergab für den Bereich der Querprofile 40 bis 59 eine lineare bzw. logarithmische Beziehung der Form
y = 0,7 x + 66 (r = 0,87; n = 19)
y = 462 log x − 838 (r = 0,85; n = 19)
x = Querschnittsfläche des älteren Auenlehms [m²]
y = Talbreite [m].

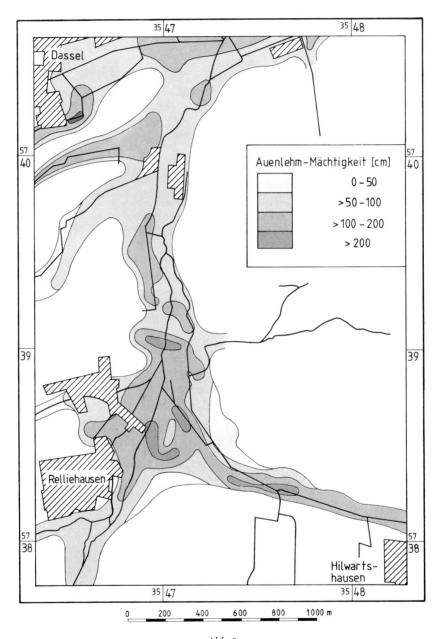

Abb. 8:
Mächtigkeit der Auenlehme an ihrer distalen Verbreitungsgrenze
(Grundlage: HEIMBACH 1960, ROHDE 1974, WALDECK 1974 und eigene Untersuchungen)

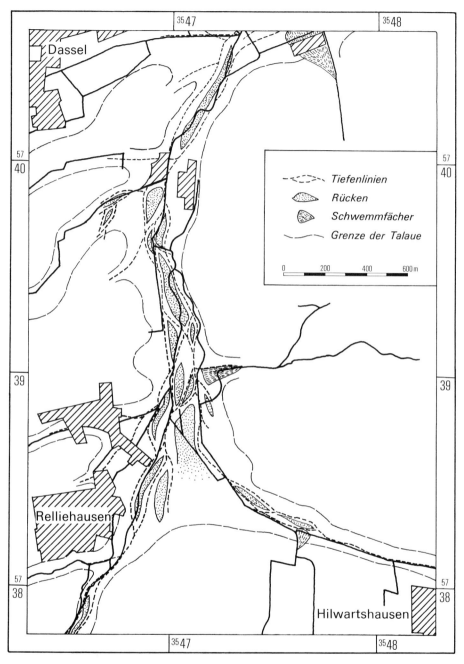

Abb. 9:
Tiefenlinien, flache Rücken und Schwemmfächer auf der Talsohle südlich Dassel
(Kartengrundlage: Grundkarten 1 : 5.000)

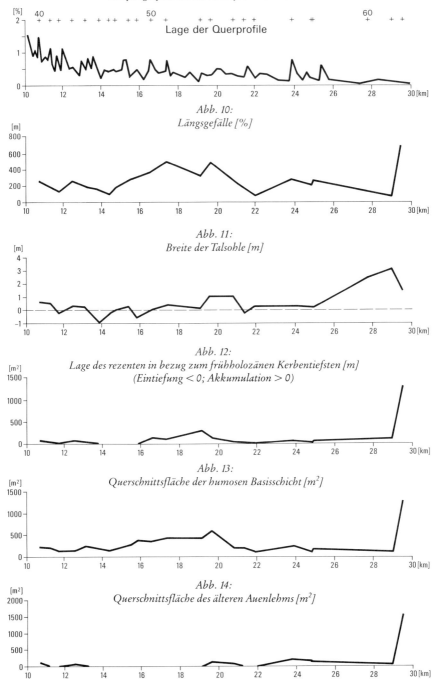

Abb. 10–15:
Morphographie des Talverlaufs an der unteren Ilme

Abb. 10:
Längsgefälle [%]

Abb. 11:
Breite der Talsohle [m]

Abb. 12:
Lage des rezenten in bezug zum frühholozänen Kerbentiefsten [m]
(Eintiefung < 0; Akkumulation > 0)

Abb. 13:
Querschnittsfläche der humosen Basisschicht [m²]

Abb. 14:
Querschnittsfläche des älteren Auenlehms [m²]

Abb. 15:
Querschnittsfläche des jüngeren Auenlehms [m²]

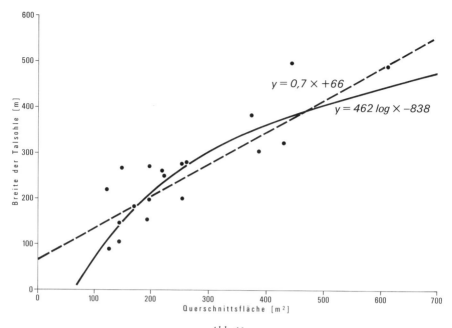

Abb. 16:
Korrelation Talbreite zu Querschnittsfläche des älteren Auenlehms

Durch einen fossilen A-Horizont und eine Veränderung der Korngrößenzusammensetzung war der jüngere Auenlehm in Q I 53 (Abb. 54) zu erkennen. Er wurde wie in Q I 40 als Uferwall aufgeschüttet und erreicht in Ufernähe 1 m Mächtigkeit.

Im Bereich der Diessemündung wurde in B 602 (Q I 55) ein fossiler A-Horizont gefunden, der auf eine von der Diesse ausgehende Ablagerung jüngeren Auenlehms hindeutet. Die Mächtigkeit beträgt 1 m.

Im Q I 57 kann zumindest randlich eine Trennung durch einen Humushorizont und eine Veränderung der Korngrößenzusammensetzung vorgenommen werden (Abb. 55).

An der Einmündung der Rebbe (Q I 60) in die Ilme ist wahrscheinlich bis 2,5 m jüngerer Auenlehm abgelagert. Die Abgrenzung zum älteren Auenlehm ist aber in diesem Fall unsicher.

Im Mündungsgebiet der Ilme überdeckt jüngerer Auenlehm weitflächig älteren Auenlehm. Im Q I 62 erreicht er seine größte durchschnittliche Mächtigkeit von 197 cm (Tab. 2). Er kann in diesem Gebiet eher durch seinen Kalkgehalt, durch Farbunterschiede (Abb. 5) und Veränderungen der Bodenart als durch humose Horizonte abgegrenzt werden.

In den restlichen Querprofilen, in denen jüngerer Auenlehm angetroffen wurde, liegt er in gleicher Höhenlage wie der ältere Auenlehm. An diesen Stellen wurden keine zusätzlichen Sedimente abgelagert, sondern vorher Ausgeräumtes ersetzt. In Q I 59 (Abb. 56) ist die heutige Oberfläche in dem mit jüngerem Auenlehm verfüllten Bereich noch niedriger als in dem mit älterem Auenlehm.

Es ist möglich, daß jüngerer Auenlehm auch in den Querprofilen vorhanden ist, in denen er nicht durch Bohrungen nachgewiesen werden konnte. Die Dichte der Bohrungen reicht

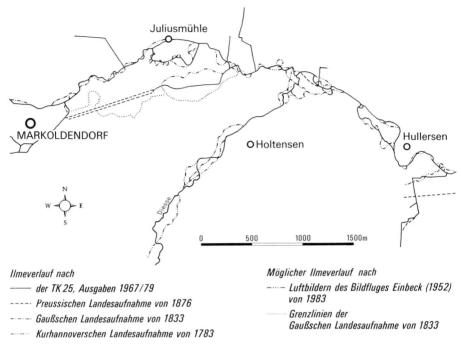

Abb. 17:
Flußbettverlagerungen am Ilme-Unterlauf nach 1783

nicht aus, um alle ehemaligen Flußarme zu erfassen. Einen Eindruck von der Intensität der Flußbettverlagerungen gibt Abb. 17.

Im Unterlauf der Ilme – ohne das Mündungsgebiet – wurden 0,9 Mio. m³ jüngerer Auenlehm abgelagert (= 15 % der holozänen fluvialen Sedimente).

In diese Berechnung wurden auch die Bereiche aufgenommen, in denen älterer Auenlehm durch jüngeren ersetzt wurde. Die zusätzlich zum älteren Auenlehm abgelagerte Menge beträgt nur 0,5 Mio. m³.

e. Schwemmfächer, Kolluvien

Zusätzlich zu den bereits genannten stoßen eine ganze Reihe weiterer Schwemmfächer in die Talaue vor. Ihre Verteilung ist abhängig von der Einmündung kleiner Bäche oder Tiefenlinien, in deren Einzugsgebiet Ackerland (wie Q I 51), Wald (wie Q I 44) oder Dreischflächen (wie Q I 61) liegen können. Die maximale Mächtigkeit wurde im Mittelbereich des Schwemmfächers im Q I 63 (Abb. 58) mit 5,5 m erbohrt.

Die erbohrten Kolluvien sind weniger mächtig und nicht formbildend. Sie wurden nur dort gefunden, wo Ackerland an die Talaue heranreicht.

3. Datierung

a. Schotter

Die Schotter sind die ältesten fluvialen Sedimente des Ilmetales. Sie unterlagern alle übrigen fluvialen Sedimente, verzahnen sich mit den Schottern des Leinetales und werden randlich von Löß überlagert. Ihre Entstehung liegt daher im Pleistozän.

Diese pleistozänen Schotter müssen im Holozän aber beträchtlich umgelagert worden sein, da viele jetzt verfüllte Rinnen und selbst Teile des aktuellen Flußbettes in den Schotterkörper eingeschnitten sind.

b. Humose Basisschicht

Die humose Basisschicht besteht zum größten Teil aus Löß, wobei nicht entschieden werden kann, ob er aus Hangabtragung oder seitlicher Erosion in der Talaue stammt (vgl. WILDHAGEN & MEYER 1972). Der in Relation zum typischen Löß und zum Auenlehm erhöhte Sandgehalt stammt aus der Talaue selbst. Er wurde aus den Schottern ausgewaschen. Hinweise dazu sind folgende Befunde:

In der Bohrung 614 (Q I 57; Abb. 55) liegt unter Kolluvium eine humose Basisschicht, die in der Korngrößenverteilung typischem Löß entspricht (T = 12–14 %, U = 81 %, S = 6–8 %). Sie liegt über der Hochwasserlinie und ist daher von Beimengungen aus dem Talgrund verschont geblieben.

In der Bohrung 784 (Q I 63 im Mündungsgebiet; Abb. 4, 58) nimmt der fS- und mS-Anteil zuungunsten des gU-Gehaltes mit der Tiefe zu. Im Mündungsgebiet bedecken die humosen Sedimente mit einer durchschnittlichen Mächtigkeit von 2–3 m den gesamten Talboden und verhindern damit eine flächenhafte Auswaschung von Sanden aus dem Schotter. Nur noch in tieferen Rinnen bleibt eine Aufnahme von Sand möglich.

Die humose Basisschicht liegt den pleistozänen Schottern auf und unterlagert Schwemmfächer, Kolluvien, älteren und jüngeren Auenlehm. Teile des Sedimentes könnten bereits im Spätpleistozän gebildet worden sein. Mehrfach (HÖVERMANN 1953, ROHDENBURG 1965, WILDHAGEN & MEYER 1972) ist auf das Vorhandensein spätpleistozäner Schwemmlehme im Talgrund hingewiesen worden, die im Zuge einer holozänen Bodenbildung mit Humus angereichert worden sind. Da sie meist geringmächtig und in ihrer gesamten Tiefe von einer A-Horizont-Bildung betroffen sind, lassen sich diese von WILDHAGEN & MEYER (1972) als autochthone A-Lehme bezeichneten jungtundrenzeitlichen Sedimente nicht von den allochthonen A-Lehmen des Holozäns unterscheiden. Da aber die jungtundrenzeitlichen Sedimente erst nach der Ablagerung mit organischem Material angereichert worden sind, werden in der Regel größere Mengen von Holzteilchen fehlen, und in mächtigeren Schwemmlehmen müßte unter einem A-Horizont ein nicht humoses Sediment festzustellen sein, wie es von WILDHAGEN & MEYER (1972) im Leinetal gefunden wurde. Wenn man daher Sedimente, die Holz enthalten oder über größere Tiefen durchgehend humos oder stark humos sind, als holozäne Bildungen anspricht, dann ist nach den durchgeführten Untersuchungen die weitaus größte Menge der humosen Basisschicht des Ilmetales im Holozän entstanden.

Diese Annahme wird gestützt durch die Datierungen, die in jedem Fall holozäne Alter ergaben. Drei von Prof. GEYH durchgeführte C 14-Datierungen dieser Schicht wiesen Alter auf von 5400 ± 185 bp, 3900 ± 165 bp und 2700 ± 135 bp (VII–IX nach FIRBAS), und drei von Prof. GRÜGER pollenanalytisch untersuchte Proben jeweils aus dem obersten

Abschnitt der Basisschicht stammten aus den Phasen VII bis Xc. Die Bildung der humosen Basisschicht muß mit der flächenhaften Überdeckung durch den älteren Auenlehm im wesentlichen ihr Ende gefunden haben. Die Datierungen zeigen aber, daß bis in die Gegenwart bei Veränderungen des Flußlaufs die humose Basisschicht umgelagert und erneuert werden kann.

c. Älterer Auenlehm

Der ältere Auenlehm ist von seiner durchschnittlichen Beschaffenheit den entkalkten Horizonten der Lößböden sehr ähnlich. Seine distale Grenze findet er dort, wo seit Jahrhunderten die Grenze zwischen Ackerland und Wald liegt. In den bewaldeten Gebieten fehlen zwar die mächtigen Lößdecken, wie sie die landwirtschaftlich genutzten Gebiete aufweisen. Geringmächtige Decken aus Löß oder Lößderivaten überziehen aber auch hier ca. 90 % der Fläche (S. 51), so daß die Grenze des Auenlehmvorkommens nicht an die Grenze der Lößverbreitung und im übrigen auch nicht an die Zunahme des Gefälles (MENSCHING 1951b: 200), sondern an die Grenze des Ackerlandes gebunden ist. Diese Verhältnisse unterstreichen den zuerst von NATERMANN (1941) beschriebenen Zusammenhang zwischen dem Auenlehm und der Bodenerosion auf Ackerflächen.

Aus diesem Zusammenhang erhält man einen ersten Hinweis auf den Beginn der Sedimentbildung, die größere Ackerflächen voraussetzt. Die erste Siedlungsperiode im Einbeck-Markoldendorfer Becken ist die der Linienbandkeramiker im älteren Neolithikum (Tab. 1). Möglicherweise setzt bereits zu dieser Zeit eine Auenlehmbildung ein. Aus der unter Auenlehm liegenden humosen Basisschicht wurde im Q I 40 eine Probe geborgen und nach der C 14-Methode auf 5400 ± 185 bp datiert, was für eine solche Möglichkeit spräche.

Es sei aber gleichzeitig auf die eingeschränkte Gültigkeit dieser und auch anderer C 14-Datierungen von Talauensedimenten hingewiesen. Um genügend Material für die Probe im Q I 40 zu bekommen, wurde ein 65 cm mächtiger Bereich zu einer Probe zusammengefaßt. Unter der Annahme einer langsamen Akkumulation ergibt sich dadurch ein zu hohes Alter. Gleichzeitig ist das Ausmaß der Kontamination, die zu einem zu jungem Alter führt, nicht bekannt. Nicht zuletzt besteht die Möglichkeit der Umlagerung, so daß insgesamt C 14-Datierungen von Talauensedimenten sehr vorsichtig interpretiert werden müssen.

Der ältere Schwemmfächer in Q I 63 (Abb. 58) liegt aber direkt auf der humosen Basisschicht, obwohl im gleichen Niveau älterer Auenlehm vorkommt. Unter der Annahme, daß die untersuchten älteren Schwemmfächer und Kolluvien zur Zeit der linienbandkeramischen Besiedlung entstanden (S. 38ff), kann zumindest die Hauptphase der Auenlehmbildung erst in einer darauffolgenden Siedlungsperiode begonnen haben. Nach einer langen Phase geringer Besiedlung war das Einbeck-Markoldendorfer Becken möglicherweise in der jüngeren Bronzezeit und älteren Eisenzeit ein Siedlungsschwerpunkt. Eine C 14-Datierung der humosen Basisschicht in B 628 (Q I 62 im Mündungsgebiet) ergab ein eisenzeitliches Alter (2700 ± 135 bp). Über dem datierten Bereich folgen noch 80 cm humoses Sediment, und erst darüber liegt älterer Auenlehm, der daher nicht eine Folge der bronze- bis eisenzeitlichen Besiedlung sein kann. Es läßt sich aber trotzdem wegen der Unsicherheiten bei der C 14-Datierung und deren geringer Anzahl nicht ganz ausschließen, daß in dieser Phase wie z.B. im Wesertal (LIPPS 1988) Auenlehme abgelagert wurden.

Danach folgt bis zum Frühmittelalter wieder eine Phase mit geringer Besiedlung, in der von BORK (1981) für das Eichsfeld eine Bodenbildung und geringe Erosion und von LIPPS (1988) eine Tieferlegung des Auenniveaus der Mittelweser festgestellt wurde. Wahrscheinlich beginnt erst mit der frühmittelalterlichen Rodungsphase die Hauptablagerung des Auenlehms im Ilmetal. Hinweise auf eine bronzezeitliche Bodenbildung wurden nicht gefunden.

Auch im Leinetal beginnt die Auenlehmablagerung nach einer pollenanalytischen Datierung von STECKHANH (1958) 4 km nördlich von Alfeld erst nach dem Neolithikum, wahrscheinlich zwischen 100 und 500 n.Chr. An der oberen Leine legen WILDHAGEN & MEYER (1972) den Beginn auf 600 n.Chr. fest. Während zwischen 600 v.Chr. und 600 n.Chr. in diesem Bereich bereits ältere Bachschwemmzungen entstanden waren, werden die Auswirkungen der voreisenzeitlichen Besiedlung als gering eingeschätzt.

An der Leine und der Weser entstehen ab dem Frühmittelalter die Auenlehm der qh(2)-Stufe (LÜTTIG 1960, LIPPS 1988).

Das Ende der Ablagerung älteren Auenlehms an der Ilme wird durch die beginnende A-Horizontbildung im Liegenden des jüngeren Schwemmfächers im Q I 61 und an mehreren Stellen des jüngeren Auenlehms festgelegt. Bereits vor dem 14. Jh., der Entstehungszeit der jüngeren Schwemmfächer (S. 38ff), muß die Sedimentation stark eingeschränkt gewesen sein.

d. Jüngerer Auenlehm

Das im Unterschied zum älteren Auenlehm wichtigste Merkmal des jüngeren Auenlehms ist der Kalkgehalt, der auf ein Übergreifen der Bodenerosion auf die kalkhaltigen Horizonte der Lößböden hinweist. Entsprechende Befunde werden von LÜTTIG (1960) und LIPPS (1988) aus dem Flußgebiet der Weser mitgeteilt. Der ältere Auenlehm an der oberen Leine (WILDHAGEN & MEYER 1972) ist im Gegensatz zu dem älteren Auenlehm der Ilme und dem Lehm der qh(2)-Stufe an Weser und unterer Leine bereits kalkhaltig, aber auch in diesem Gebiet weist der jüngere Auenlehm einen etwas höheren durchschnittlichen Kalkgehalt auf.

Sicher geht der im gesamten Ilmetal etwas erhöhte Sandgehalt z.T. auf das Übergreifen der Bodenerosion auf die bereits vom Löß befreiten basalen, sandigen Lagen zurück. Gerade in den oberen Bereichen des Ilme-Unterlaufes ist der Sandgehalt des jüngeren Auenlehms aber höher als im älteren. Wahrscheinlich dokumentiert sich hier die Zunahme der Erosion in den distalen, bewaldeten Bereichen des Einzugsgebietes, die durch zunehmende Erschließung des Waldes mit Wegen und durch die besonders nach dem 30j. Krieg beginnende Übernutzung erfolgte (S. 17f).

Aufgrund seiner stratigraphischen Position muß der jüngere Auenlehm nach der Ablagerung des älteren Auenlehms und nach der Ablagerung der jüngeren Schwemmfächer entstanden sein, also ein neuzeitliches Alter aufweisen. Er wurde aber nicht im gesamten Ilmetal gleichzeitig gebildet, sondern sein Entstehungsbeginn unterliegt innerhalb der Neuzeit starken Schwankungen.

Der früheste Ablagerungsbeginn jüngeren Auenlehms konnte im Q I 57 auf 1400 datiert werden. Um 1400 wurde gleichzeitig mit dem Bau eines neuen Befestigungswerkes die Zuleitung des Wassers nach Einbeck geändert (KEYSER 1952: 114), und dabei wurde durch den heutigen Mühlenkanal ein Teil des Ilmewassers in die Stadt geleitet. Von dem ca. 200 m oberhalb des Wehres gelegenen Mäanderbogen floß beim Hochwasser am Jahreswechsel 1986/87 aufgrund der Stauwirkung des Wehres das Wasser flächenhaft über die Wiesen und Felder ab, wurde dann in einem Hochwasserbett gesammelt und den Mäanderbogen abschneidend kurz unterhalb des Wehres der Ilme wieder zugeführt. An der humosen Basis dieses Hochwasserbettes wurde im Q I 57 (Abb. 55) eine Probe geborgen und von Prof. GRÜGER pollenanalytisch datiert (P 613.2). Ihre Entstehung wird wegen der in der Probe enthaltenen Roggenpollen, der hohen Hainbuchenwerte und der im Vergleich zur Buche mehr als doppelt so hohen Anzahl von Eichenpollen in einer Siedlungsperiode in Phase X nach FIRBAS, wahrscheinlich in Xb liegen. In oder vor dieser Zeit, aber nicht vor 1400 ist der Mäander abgeschnitten worden, wobei älterer Auenlehm ausgeräumt wurde. Danach kam es dann – möglicherweise durch regulierendes Eingreifen des Menschen – zu einer teilweisen Verfüllung der Hochwasserbetten. Der in B 613 in 60–65 cm Tiefe liegende Humushorizont konnte in dem zweiten, tieferen Hochwasserbett nicht gefunden werden, das möglicherweise noch jünger ist.

Durch einen fossilen A-Horizont und eine Veränderung der Korngrößenzusammensetzung war der als Uferwall aufgeschüttete jüngere Auenlehm in Q I 53 (Abb. 54) zu erkennen. Sowohl auf der Königlich Preussischen Landesaufnahme als auch auf der Kurhannoverschen Landesaufnahme des 18. Jh. wurde der Lauf der Ilme bereits in seiner heutigen Lage verzeichnet, so daß zur Bildung des Uferwalls mindestens die letzten 200 Jahre zur Verfügung gestanden haben.

Im Q I 59 (Abb. 56) konnte der Ablagerungsbeginn auf die Zeit nach 1783 datiert werden. Das Querprofil wurde genau dort angelegt, wo noch auf der Kurhannoverschen Landesaufnahme des 18. Jh. (aufgenommen 1783) ein Mäanderbogen im rechten Winkel zum heutigen Flußlauf verzeichnet ist. Dieser Mäanderbogen existiert heute nicht mehr, er muß daher nach 1783 mit jüngerem Auenlehm aufgefüllt worden sein. Die heutige Oberfläche ist in dem mit jüngerem Auenlehm (S–Ut3, c1–3) verfüllten Bereich noch niedriger als in dem mit älterem Auenlehm (Ls2–3, Ut4, c0). In B 776 wurde zudem in 80 cm Tiefe ein Stück Steinkohle entdeckt, das zusätzlich auf das junge Alter des jüngeren Auenlehms hinweist.

In zwei Fällen kann der Entstehungszeitraum des jüngeren Auenlehms durch Funde von Eisenschlacke eingegrenzt werden. In Q I 43 (Abb. 50) wurde unter 110 cm jüngerem Auenlehm ein kleines Schlackenstückchen gefunden, das sicherlich von der flußaufwärts gelegenen Eisenhütte stammt. Bei Relliehausen an der distalen Verbreitungsgrenze des Auenlehms fanden sich in einem 20 x 25 m großen Gebiet (R 3547860 H 5738330) viele kleine Schlackenstückchen in frischen Maulwurfshügeln. Zwei Grabungen ergaben, daß die Schlacken im gesamten, 60 cm mächtigen Auenlehm vorkamen, wobei die größten Stücke an der Basis des Auenlehms über den gut gerundeten Schottern lagen. Der Auenlehm war an dieser Stelle deutlich sandiger als der typische Auenlehm, außerdem enthielt er nach oben geringer werdend gut gerundete Sandsteinkiese, vorwiegend der Mittelkies-Fraktion. Die Schlacken stammen entweder von einem Hüttenplatz und wären dann zwischen dem 13. und 17. Jh. entstanden, oder von der bei Relliehausen urkundlich erwähnten Eisenhütte, die zwischen 1555/58 und 1620 bestanden hat (DENECKE 1976b: 211f). Eine C 14-Datierung der Schlakken, die den Entstehungszeitraum weiter eingrenzen soll, steht noch aus. Trotzdem steht fest, daß der Auenlehm in diesem Bereich erst nach der frühmittelalterlichen Rodungsphase entstanden ist. Auch die die Sedimente liefernden Rodungsflächen der Siedlungen Abbecke (gegründet 1780), Friedrichshausen (entstanden 12.–15. Jh.; DENECKE 1976a: Abb. 3) und Sievershausen sind relativ jung und stützen damit die Datierung.

Im gleichen Zeitraum wie der jüngere Auenlehm des Ilmetales entstand der qh(3)-Auenlehm der unteren Leine und der Weser (LÜTTIG 1960, STRAUTZ 1963, LIPPS 1988) sowie der jüngere Auenlehm an der oberen Leine (WILDHAGEN & MEYER 1972).

e. Schwemmfächer, Kolluvien

Wegen der Höhenlage der Sedimente zueinander muß im Q I 63 (Abb. 58) der Beginn der Schwemmfächerbildung vor der Bildung des älteren Auenlehms begonnen haben. In Q I 44 und 61 ist dagegen Schwemmfächermaterial über älterem Auenlehm abgelagert worden. Die aus dem im Liegenden des Schwemmfächers gebildeten Af-Horizont geborgenen Proben (P 897) ließen sich aufgrund der geringen Pollendichte nicht datieren. Auch alle übrigen Proben, die aus Af-Horizonten entnommen wurden, ließen sich aus demselben Grund nicht datieren. Es muß aber immerhin mindestens zwei Phasen mit Schwemmfächerbildung gegeben haben: eine vor und eine nach der Ablagerung älteren Auenlehms. Die zweite Phase muß bereits vor der Bildung des jüngeren Auenlehms eingesetzt haben, da das Schwemmfächersediment im Q I 61 nicht von dem in diesem Bereich vorkommenden jüngeren Auenlehm unterlagert wird. Der Schwemmfächer im Q I 63 weist außerdem einen Af-Horizont auf, der ebenfalls auf eine zweiphasige Entstehung hinweist.

Eine zweiphasige Entstehung läßt sich auch an den Kolluvien nachweisen, denn das Kolluvium in Q I 52 zeigt einen ausgeprägten Af-Horizont. In diesem Querprofil (Abb. 53, B 600) wurde das Alter des Moores im Liegenden des Kolluviums nach der C 14-Methode auf 3900 ± 165 bp (= VIII nach FIRBAS) datiert. Die oberen 10 cm dieser Schicht wurden zusätzlich pollenanalytisch datiert. Es fanden sich keine Pollen der Hainbuche und nur wenige der Buche. Gleichzeitig traten hohe Werte für die Eiche und sehr hohe für die Hasel auf. Zusammen mit den auftretenden Siedlungszeigern Getreide und Wegerich weist das auf eine atlantische Siedlungszeit hin. Demnach ist der tiefere Teil des Kolluviums als Auswirkung einer neolithischen Besiedlung entstanden. Das entspricht den von BORK (1981) untersuchten Verhältnissen im südniedersächsischen Eichsfeld, wo ebenfalls eine erste Aktivitätsphase zur Zeit der linienbandkeramischen Besiedlung mit flächenhafter Bodenerosion und Kolluviumbildung nachgewiesen werden konnte.

Die Entstehungszeit der älteren Sedimente liegt damit zwischen dem älteren Neolithikum und der frühmittelalterlichen Rodungsphase, durch die spätestens älterer Auenlehm entstand. In diesem Zeitraum entstanden an der oberen Leine die älteren Bachschwemmzungen (600 v.Chr. – 600 n.Chr., WILDHAGEN & MEYER 1972), an der unteren Leine und der Weser die auffallend tonreichen Auenlehme der qh(1)-Stufe (mittlerer Tongehalt = 40 %; LÜTTIG 1960, STRAUTZ 1963, LIPPS 1988).

Die Herkunft des Materials der Schwemmfächer und Kolluvien an der Ilme ist durch die kleinen Einzugsgebiete bekannt. Auffällig ist, daß zwei Muschelkalkgebiete, die in der ersten Sedimentationsphase keine Sedimente lieferten, nach der Ablagerung älteren Auenlehms Schwemmfächer ausbilden. In etwa zeitgleich liegt an der oberen Leine die Phase der jüngeren Bachschwemmzungen, und auch in diesem Gebiet werden gerade von solchen Bächen Bachschwemmzungen gebildet, die aus Muschelkalkgebieten kommen und die in der ersten Phase keine Schwemmzungen ausgebildet hatten. WILDHAGEN & MEYER (1972: 135) halten die hochmittelalterlichen Rodungen in den Einzugsgebieten im Zusammenhang mit einer weniger kontinuierlichen als im lokalen Wechsel diskontinuierlich-katastrophenhaften Erosion und Akkumulation für die Ursache der Zungenbildung. Deren Enstehungsbeginn setzen sie in Ermangelung anderer Datierungen aufgrund siedlungshistorischer Erkenntnisse auf das Ende des 10. Jh. fest. BORK (1985) konnte in Südniedersachsen eine mit starker linearer Erosion einhergehende Klimaverschlechterung im 14. Jh. nachweisen, die nach den Untersuchungen von LIPPS (1988) im Wesertal zur Ablagerung der sandigen Sedimente der qh(2)-Stufe führte. In diese Zeit fällt im übrigen auch das höchste bekannte Hochwasser der Weser (23.7.1342, HAMM 1950, 1976). Möglicherweise ist nicht die hochmittelalterliche Rodung der Einzugsgebiete, sondern erst diese Klimaverschlechterung die Ursache sowohl für die Schwemmfächerbildung im Ilmetal als auch für die Bildung der jüngeren Bachschwemmzungen an der Leine. In diesem Fall wäre die Bildung des älteren Auenlehms im Ilmetal und an der Leine bis ins 14. Jh. möglich. Das könnte das von WILDHAGEN & MEYER (1972) aufgezeigte Problem lösen, warum es gerade zur Zeit der hochmittelalterlichen Rodung im Leinetal nicht zur Auenlehmbildung kam, denn der ältere Auenlehm schlösse auch die korrelaten Sedimente dieser Rodungs- und Erosionsphase ein. Im Wesertal wurden im Hochmittelalter schluffigere Sedimente als zur Zeit der ersten Rodeperiode abgesetzt (qh(2)/U, LIPPS 1988). Da aber auch im Ilmetal das Ende der Bildung älteren Auenlehms nicht absolut datiert werden konnte, muß dieses Problem letztendlich offen bleiben.

B. Ablagerungsbedingungen, Morphodynamik

Ziel der Untersuchung war es vor allem, über die Analyse der Sedimente Hinweise auf die fluviale Morphodynamik zu gewinnen. Dabei interessierten besonders ihre klimatisch bedingten Veränderungen an der Grenze Pleistozän/Holozän und die durch menschliche Eingriffe erzeugten Veränderungen sowie deren Abhängigkeit von den räumlichen Gegebenheiten.

1. Frühholozän bis Frühmittelalter

Die wichtigste Veränderung der fluvialen Morphodynamik durch die Klimaänderung am Beginn des Holozäns ist die vermehrte Ablagerung feinkörniger Sedimente. Häufig werden Rinnen abgeschnürt und nach und nach mit humoser Basisschicht verfüllt. Bei einer Arbeitshöhe des Flusses von mindestens 1 m entstehen außerdem immer wieder Zonen, in denen es durch Aufschotterung zu einer Abnahme der Strömungsgeschwindigkeit und zur Akkumulation feinkörniger Sedimente kommen kann. Diese Akkumulationsbereiche bilden aber nicht wie der später abgelagerte Auenlehm eine geschlossene Decke. Sie sind immer relativ kleinräumig begrenzt oder durchbrochen von Schotterinseln oder -flächen. Die Menge der Ablagerung ist nicht abhängig vom Längsgefälle und korreliert kaum mit der Talbreite[4], d.h. lokal begrenzte Faktoren variieren wesentlich stärker als beim Auenlehm die Menge der Ablagerung. Der Einfluß eines Nebenflusses, der Bewer, und einer Talenge der Ilme wird z.B. durch das bei Q I 52 gelegene Maximum der durchschnittlichen Tiefe verdeutlicht (Abb. 7), denn an der Mündung der Bewer kam es zu divergierendem Abfluß sowohl der Bewer als auch der Ilme[5] und zur Bildung einer relativ mächtigen humosen Basisschicht.

---

[4] Korrelationsanalysen ergaben folgende Werte:
 1) Querschnittsfläche − Längsgefälle: r = 0,1
 2) Querschnittsfläche − mittlere Tiefe: r = 0,4
 3) Querschnittsfläche − Talbreite: r = 0,6
 Grundlage waren jeweils die Querprofile 40−59.

[5] In Abb. 11 erscheint es so, als ob die Talbreite zwischen Q I 51 und 52 kontinuierlich abnehme. In Wirklichkeit liegt ca. 1 km flußabwärts von Q I 51 ein nur ca. 100 m schmaler Durchlaß. Da er mit dem Stadtgebiet von Markoldendorf zusammenfällt, wurde hier kein Querprofil eingemessen. Die Bewer mündet nur wenige hundert Meter unterhalb dieser Enge in die
 sich stark ausdehnende Ilmetalaue.

Die Talaue muß aufgrund der Beschaffenheit der humosen Basisschicht bewaldet gewesen sein. Die im Bohrstock aus der humosen Basisschicht heraufbeförderten Holzstückchen waren in der Regel so weich und zerdrückt, daß eine Bestimmung der Holzart, die Dr. M. L. HILLEBRECHT in Aussicht gestellt hatte, nicht möglich war. In der von Prof. GRÜGER pollenanalytisch untersuchten Probe 600.1 dominieren die Alnus-Pollen deutlich. Weiterhin sind Quercus und Corylus häufig. Bei einer Wichtung der Pollenzahlen nach der Pollenproduktion wäre das Übergewicht der Alnus-Pollen noch deutlicher, so daß Erlen als die häufigste Baumart angesehen werden müssen. Entsprechende Befunde werden von WILLERDING (1960) vom Oberlauf der Leine mitgeteilt, wonach die Talauen natürlicherweise von Schwarzerlen-Gesellschaften bestanden waren.

Auch wenn mit der humosen Basisschicht zunehmend feinkörnige Sedimente abgelagert worden sind, werden doch selbst in flachen Rinnen immer noch Schotter angeschnitten und umgelagert. Aus den Untersuchungen an der Solling-NE-Abdachung geht hervor, daß die Bäche auf den schotterbedeckten, bewaldeten Talauen einen verwilderten Lauf zeigen, während sie in dem feinkörnigen Talbodensediment der Wiesen mäandrieren (S. 52ff). Diese Differenzierung ist auch von großen Flüssen bekannt (LOUIS 1960, TANNER 1968). Aufgrund dieser Tatsache und des diskontinuierlichen und geringmächtigen Vorkommens von humoser Basisschicht wird die Ilme bis zur Überdeckung der Talsohle mit Auenlehm ein Verwilderungsfluß gewesen sein. Ein weiterer Hinweis darauf ist, daß die Grenze zwischen Schotter und humoser Basisschicht an der Ilme fast immer scharf ist (vgl. SCHIRMER 1983a).

Ganz anders sind dagegen die Verhältnisse im Mündungsgebiet der Ilme, in der die humose Basisschicht wesentlich mächtiger ist. Nachdem schon DIETZ (1928) und KLINGNER (1930) eine subrosive Aktivität im Salzderheldener Becken beschrieben, konnten BRUNOTTE & SICKENBERG (1977) das Ausmaß der subrosiven Absenkung über dem Salzstock von Salzderhelden zeigen, der bis an die Ilme heranreicht (JORDAN u.a. 1986). Im Q I 61 deuten die überdurchschnittlich tiefen Rinnen im Schotter auf ein tiefes Niveau und damit auf eine relativ schnelle Absenkung des Ilme-Mündungsgebietes hin. Nach der Einschneidung der Rinnen kam es bei einer verlangsamten Absenkung zu einer Akkumulation von humoser Basisschicht, die auf die Engstelle übergriff, so daß auch die Rinnen mit Feinsediment verfüllt wurden. Eine solche phasenhafte Absenkung beschreibt auch STREIF (1970) für den Seeanger im Eichsfeld. Aus der Tiefe der Rinnen in Q I 61 und der Mächtigkeit der Basisschicht kann man auf eine etwa 1,5 m betragende Absenkung schließen, was einer jährlichen Absenkung von knapp 0,2 mm entspricht. Die von BRUNOTTE & SICKENBERG (1977) für das Zentrum des Salzderheldener Beckens berechnete Subrosionsrate liegt bei 1,2 mm/a.

Im Mündungsgebiet der Ilme hat damit schon frühzeitig ein feinkörniges Talbodensediment vorgelegen, und gleichzeitig begünstigt das geringe Gefälle (< 0,2 %) eine Mäanderbildung (LOUIS 1960, TANNER 1968).

Für den Ilmelauf kann man daher bis zum Beginn der Auenlehmakkumulation ein Nebeneinander von verwilderten und Mäander-Abschnitten annehmen. Dieser Befund unterstreicht die Vermutung SCHIRMERs (1983a: 39), „daß der Umbruch in Abhängigkeit von örtlichen Bedingungen (Abfluß, Materialzufuhr, Vegetation) ... vor sich gegangen ist und ... einen längeren Zeitraum umspannte."

SCHIRMER denkt dabei allerdings, von den bisherigen Untersuchungen an größeren Flüssen ausgehend, an einen Zeitraum zwischen dem Ende des Hochglazials und dem frühen Holozän. Nach den Untersuchungen an der Ilme muß dieser Zeitraum aber noch weit ins

Holozän hinein ausgedehnt werden. In Nebenbächen der Ilme hat dieser Umbruch z.T. sogar in entgegengesetzter Richtung stattgefunden (S. 65), so daß den örtlichen Bedingungen eine sehr hohe Bedeutung zukommt.

Nach den Untersuchungen von LIPPS (1988: 80) wird seit der vorrömischen Eisenzeit, vielleicht schon seit der ausgehenden Bronzezeit, im gesamten Mittelwesertal der Auenlehm der qh(1)-Stufe abgesetzt. Der mit 40 % sehr hohe Tongehalt dieses Auenlehms wird von LIPPS damit erklärt, daß durch die Bewaldung der Talaue eine geringe Fließgeschwindigkeit hervorgerufen wird. Das kann aber nicht die Ursache sein, denn in der gleichfalls bewaldeten Talaue der Ilme, auch im sehr flachen Mündungsgebiet, sind die Tongehalte der humosen Basisschicht wesentlich niedriger. Wenn an der Weser größere Anteile gröberer Schwebstoffe im Wasser vorhanden gewesen wären, wären sie bei geringer Fließgeschwindigkeit erst recht abgelagert worden. Sande und Schluffe müssen daher entweder gar nicht erst aufgenommen oder bereits früher an anderer Stelle abgelagert worden sein. Man kann ausschließen, daß die Rodung nur auf Pelosole beschränkt war, da an der Ilme und der oberen Leine während der fraglichen Zeit lößbürtige, sandig-schluffige Sedimente abgelagert wurden (ältere Bachschwemmzungen, ältere Schwemmfächer und Kolluvien). WILDHAGEN & MEYER (1972: 84) teilen mit, daß der Tongehalt der älteren Bachschwemmzungen mit 11 % deutlich niedriger ist als in den angrenzenden Löß-Schwarzerde-Horizonten, die 20–25 % Ton enthalten. Der Sandgehalt der Bachschwemmzungen ist dagegen höher als im Löß. Es hat hier eine selektive Ablagerung stattgefunden, durch die hauptsächlich die tonigen Erosionsprodukte bis in die Vorfluter gelangt sind, wo sie dann als qh(1)-Auenlehme abgelagert wurden. In den frühen Rodeperioden ist daher die fluviale Morphodynamik gekennzeichnet durch eine selektive Ablagerung und eine Verringerung der Korngröße von den distalen Liefergebieten zu den Hauptvorflutern.

2. Frühmittelalter bis Neuzeit

Der weiträumig wichtigste Umbruch in der fluvialen Dynamik beginnt im Ilmetal mit der Auenlehmablagerung, die als Folge der Bodenerosion auf Ackerflächen nach MORTENSEN (1955) als „quasinatürliche" Formung anzusprechen ist. Durch die Zurückdrängung des Waldes infolge der ausgedehnten Rodungen nahm die Hochwasserintensität zu (z.B. LEOPOLD, WOLMAN, MILLER 1964; LIEBSCHER 1975, 1982). Gleichzeitig wurden die Auenwälder gerodet und durch Wiesen ersetzt (GRADMANN 1932; STECKHAHN 1961). Aus den Untersuchungen am Oberlauf der Ilme und ihren Nebenbächen (S. 50ff) kann man ableiten, daß die Wiesenvegetation wesentlich zur Stabilisierung der Auenoberfläche und zur Ablagerung von feinkörnigem Material beigetragen hat. Durch die dicht bewachsene Oberfläche wird verhindert, daß bereits abgelagerte Sedimente durch Hochwasser wieder aufgenommen werden. Auch die Rinnen tiefen sich nicht mehr ein (siehe auch S. 46). Eine häufige Verlagerung der Flußarme, wie sie verwilderte Flüsse zeigen, wird dadurch zunehmend eingeschränkt, und es entsteht ein mäandrierender Fluß. Dieselben Prozesse haben auch im Unterlauf der Ilme wesentlich zur Ausbildung eines mäandrierenden Flusses beigetragen.

Durch die veränderten Bedingungen nahm die Sedimentationsrate sehr stark zu. Während die humose Basisschicht bei einer Bildungsdauer zwischen 10800 (Beginn Alleröd bis 750 n.Chr.) und 9000 Jahren (Beginn Präboreal bis 750 n.Chr.) eine Sedimentationsrate von rund 0,02 mm/a aufweist, liegt die jährliche Akkumulation des älteren Auenlehms bei einer

Ablagerungsdauer von 750 n.Chr. bis ca. 1350 bei knapp 1,7 mm. Die Akkumulationsrate ist daher mindestens um das 80fache gestiegen. Die Werte sind allerdings über den Gesamtzeitraum der Ablagerung berechnet, obwohl der Humusgradient im älteren Auenlehm (S. 26) darauf hinweist, daß die Sedimentation am Anfang wesentlich intensiver war als in der Endphase und kontinuierlich abnahm. Unter dem Grünland der Talaue besteht die Tendenz zur Bildung eines A-Horizontes, der einen höheren Humusgehalt erreicht als die erodierten Horizonte der Lößböden unter Ackerland. Daher werden die nach einer Überschwemmung abgelagerten Sedimente mit organischer Substanz angereichert. Je seltener Überschwemmungen auftreten, desto stärker kann sich diese Bodenbildung auswirken, die bei sehr seltenen oder fehlenden Überschwemmungen schließlich zur Bildung eines ausgeprägten A-Horizontes führt, wie er typischerweise auf älterem Auenlehm im allochthonen braunen Auenboden auftritt. Die Sedimentationsrate muß zu Beginn der Auenlehmbildung daher um viel mehr als das 80fache angestiegen sein.

Eine im Verlauf der Auenlehmablagerung abnehmende Sedimentationsintensität durch immer seltener werdende Überflutungen der Talauen fordert schon NATERMANN (1941: 305). REICHELT (1953: 246) unterstützt diese Forderung durch die Beobachtung, daß die durchschnittliche Mächtigkeit der Auenlehmdecken verschiedener Flüsse übereinstimmt, also eine obere Grenze erreicht wird, und auch STRAUTZ (1963: 281) sieht die Hochflutsedimentation als abgeschlossen an. Den Rückgang der Hochwasserfrequenz führen die genannten Autoren auf eine zunehmende Vergrößerung des Flußbettes zurück, die durch die Aufhöhung der Auenfläche und parallel dazu verlaufende Tiefenerosion entstanden ist. Auch im Ilmetal hat die Sedimentationsrate abgenommen, und auch im Ilmetal gibt es Bereiche, in denen die Basis der rezenten Kerbe tiefer liegt als die Basis der frühholozänen Kerben (Abb. 12). Es handelt sich dabei aber immer um lokal eng begrenzte Abschnitte. Eine generelle Eintiefung wie im Weser- und unteren Leinetal findet im Ilmetal nicht statt. Nach der Regressionsgeraden[6], die aus den Werten für die Querprofile 40–59 berechnet wurde, also ohne das Ilme-Mündungsgebiet, wird das Flußbett sogar um 2 cm/km aufgehöht. Die Ablagerung von Auenlehm und die Aufhöhung der Auenfläche haben daher nicht notwendigerweise eine Tiefenerosion zur Folge.

Zwischen der Flußbettanhebung bzw. -einschneidung und der Veränderung der Sedimentmächtigkeit konnte in keinem Einzelfall eine eindeutige Beziehung festgestellt werden. Die durchschnittliche Zunahme der Auenlehmmächtigkeit beträgt im Ilmetal 1,9 cm/km, die mittlere Zunahme des Gesamtholozäns 2,7 cm/km[7]. Ein ursächlicher Zusammenhang mit der Anhebung des Flußbettes kann mit Hilfe dieser Trends zwar nicht bewiesen werden, aber immerhin ist er möglich, da die Trends dieselbe Größenordnung und dieselbe Richtung aufweisen.

---

[6] $y = 2,2\,x - 20$ (n = 19)
 x = Eintiefung bzw. Anhebung des Flußbettes [cm]
 y = Lauflänge [km]

[7] Zunahme der Auenlehmmächtigkeit:
 $y = 1,9\,x + 84$
 Zunahme der Gesamtholozän-Mächtigkeit:
 $y = 2,7\,x + 90$
 x = Lauflänge [km]
 y = Mächtigkeit [cm]
 Wertebasis Q I 40–59; n = 19

Auf den letzten 6 km (Q I 58–64, Abb. 12) liegt das heutige Kerbentiefste sehr viel höher als das frühholozäne. Es handelt sich aber im wesentlichen um eine relative Anhebung, die auf eine subrosive Absenkung der frühholozänen Basis um etwa 1,5 m zurückzuführen ist.

Zu den Voraussetzungen, die für die Auenlehmablagerung nötig sind, zählt REICHELT (1953: 248) für die Oker und die Innerste ein Längsgefälle von weniger als 0,1 %. Diese Neigung wird im Ilmetal fast überall überschritten, sie ist hier für die Morphodynamik nicht relevant. Durch die sehr gleichmäßige Dicke des älteren Auenlehms und die geringe Schwankungsbreite des Längsgefälles gibt es keine Beziehung zwischen Querschnittsfläche und Längsgefälle, weder insgesamt (r = 0,04) noch in einem Einzelfall.

Nicht das Längsgefälle, sondern die geringe Talbreite führt in der Engstelle zwischen den Muschelkalkschichtstufen Amtsberge und Ellenser Wald, in der bei Hochwasser die gesamte Talaue überflutet wird (Abb. 22), zu einer erhöhten Fließgeschwindigkeit. Als Auswirkung der hohen Fließgeschwindigkeit ist der Auenlehm in diesem Bereich besonders schluffarm. Außer dieser Engstelle tritt kein Flußabschnitt mit einer besonderen Korngröße hervor. Die Variation innerhalb eines Querprofiles ist in der Regel wesentlich größer als im Talverlauf. Man kann daraus schließen, daß die Sedimentzufuhr und die Ablagerungsbedingungen über große Entfernungen – im Gegensatz zur Bildungszeit der älteren Schwemmfächer – in etwa gleich waren.

Zu Beginn der Neuzeit ist das vertikale Anwachsen der Auenlehmdecken im größten Teil des Ilmetales abgeschlossen. Teilweise werden noch Uferwälle gebildet, in denen ein nach oben zunehmender Humusgehalt auftritt und eine geringer werdende Ablagerungsintensität anzeigt, aber im wesentlichen beschränken sich die Ablagerungen auf verlassene Flußarme. Bezieht man die Menge des jüngeren Auenlehms auf die gesamte Talaue (ohne das Mündungsgebiet), erhält man eine mittlere Akkumulationsrate von nur noch 0,3 mm/a.

Auch in der Neuzeit nimmt das Mündungsgebiet eine Sonderstellung ein. Im Mündungsgebiet liegt die Sedimentationsrate des jüngeren Auenlehms mit 3,9 mm/a (Tab. 2) deutlich über der des älteren Auenlehms. Die auffallende Mächtigkeit der humosen Basisschicht im Mündungsgebiet lag im wesentlichen an der subrosiven Absenkung, die wegen des geringen Zeitraums bei der Auenlehmbildung kaum eine Rolle gespielt haben kann. Hier macht sich im Zusammenhang mit dem engen Leinedurchbruch durch den Ahlshausener Buntsandsteinsattel und dem dadurch hervorgerufenen Staueffekt eine zunehmende Hochwassermenge und -häufigkeit bemerkbar. Die Zunahme der Hochwässer wird ganz besonders in der Neuzeit durch die Flußbegradigungen der Leine und der Ilme sehr stark gefördert, so daß gerade die Akkumulationsrate des jüngeren Auenlehms sehr weit über dem Normalwert liegt.

Eine weiträumige Überflutung des Mündungsgebietes lag z.B. Anfang April 1988 bei einem mittleren Hochwasser vor. Der Hochwasserstand wurde am 13.4.88 aus angeschwemmtem Material erschlossen, wobei der Wasserstand an diesem Tag als „Normalwasserstand" definiert wurde, um ein Maß für die Höhe des Hochwassers zu erhalten. Tatsächlich war der Abfluß aber noch deutlich erhöht. Nahe der Leineengstelle zwischen Wirtshaus Klus und der Ortschaft Volksen erreichte das Hochwasser einen Stand von 160 cm über Normalwasser, in der Ilmeengstelle nördlich Salzderhelden noch 120 cm, am Westrand von Einbeck nur noch 60 cm. Oberhalb dieser Stelle war es zwar zu randvollem Abfluß mit ähnlichen Steighöhen wie bei Einbeck gekommen, nicht aber zu Ausuferungen, die Voraussetzung für die Akkumulation feinkörnigen Materials sind. Solche Ausuferungen sind dort aber auch noch möglich. Die Abb. 18 zeigt exemplarisch die Schwankungen des Wasserstandes an den Pegeln Rel-

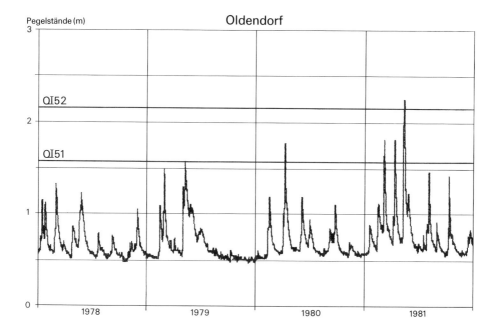

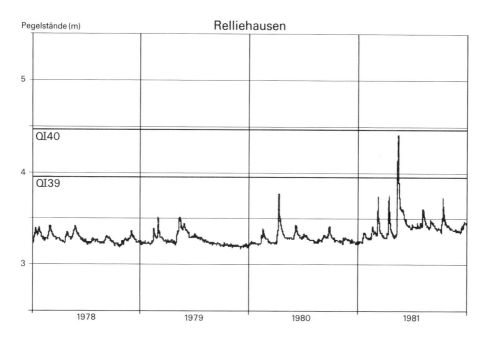

Abb. 18:
Schwankungen des Wasserstandes an den Pegeln Relliehausen und Oldendorf und maximaler randvoller Abfluß an den benachbarten Querprofilen

liehausen an der Grenze des bewaldeten Sollings und Oldendorf im Markoldendorfer Becken in den Jahren 1978 bis 1981. Zusätzlich wurden die Pegelstände angegeben, bei denen es an den ober- und unterhalb gelegenen Querprofilen zu Überflutungen kommt. Bei den Überflutungen wird aber nicht wie im Mündungsgebiet die gesamte Talaue flächenhaft überspült. Die Steighöhe der Hochwässer reicht nur aus, um Hochwasserrinnen zu füllen, die mäanderförmig oder verwildert (Abb. 9) die Talaue überziehen.

In diesen Rinnen kann es sowohl zu Akkumulation als auch zu Erosion kommen, wobei die Erosion nur in einem Fall am Q I 55 festgestellt werden konnte. An der betreffenden Stelle war die Talaue im Winter 88/89 mit Wintergetreide bestanden, so daß der Boden relativ offen und locker war. In zwei Rinnen wurden durch die Überflutung ca. 20 cm tiefe Hohlformen geschaffen, die regelmäßig dort aussetzten, wo der Boden durch die Befahrung verdichtet war. Die Traktorspuren blieben als Vollformen bestehen. Am Grund der Hohlformen fand Kavitation statt, wobei die entstandenen, im Durchmesser etwa 5–10 cm großen und etwa ebenso tiefen Hohlformen meist kleine Sand/Schluffgerölle oder Sandsteingerölle enthielten (Abb. 19, 20). Dort, wo die Rinne über Weideland führte, waren keine Erosionsspuren festzustellen, was die Bedeutung der Wiesen für die Entstehung der Auenlehmdecken unterstreicht.

Die Auswirkung der Kanalisierung und Flußverbauung auf die Intensität der Mäanderbildungen und Flußbettverlagerungen ist in Abb. 17 zu sehen, in der die Verlagerungen der letzten 200 Jahre dargestellt wurden, sofern sie auf Karten eingezeichnet sind. Als Karten-

Abb. 19:
Erosion in einer Hochwasserrinne
(Q I 55, Blickrichtung E; 17.1.89, Foto S. Wenzel)

grundlage dienten die Kurhannoversche Landesaufnahme des 18. Jahrh., die Gaußsche Landesaufnahme der 1815 von Hannover erworbenen Gebiete, die Königlich Preussische Landesaufnahme von 1876 und die Topographische Karte 1 : 25.000 in ihren Ausgaben von 1967 und 1979. Größere Mäanderbogen werden bei den älteren Kartenwerken für einen Vergleich hinreichend genau angegeben, so daß größere Veränderungen verläßlich festgestellt werden können. Während sich zwischen der Kurhannoverschen Landesaufnahme (Aufnahme im Jahre 1783) und der Preussischen Landesaufnahme von 1876 sehr viele Verlagerungen feststellen lassen, sind Abweichungen zwischen der Preussischen Landesaufnahme und der TK 25 eher selten, obwohl der Zeitraum in etwa derselbe ist. Grund für diesen Unterschied sind die Flußbegradigungen und -ausbauten des 19. und 20. Jahrhunderts, die ein freies Mäandrieren weitgehend verhindern.

Nach dem klimatisch bedingten Wandel der Morphodynamik am Beginn des Holozäns und nach dem Umbruch zu Beginn des Frühmittelalters durch die bis ins 14. Jh. dauernde Auenlehmablagerung dokumentiert sich so ein neuer Abschnitt, der durch direkten anthropogenen Eingriff gekennzeichnet ist. Die Folge dieses Eingriffs ist eine stärkere Entwässerung der oberen Talabschnitte, eine verstärkte Überschwemmungshäufigkeit und -intensität im Mündungsgebiet und damit eine lokale Zunahme der Auenlehmbildung. Einen Eindruck vom Ausmaß der möglichen Überflutungen und von der Sonderstellung des Ilme-Mündungsgebietes geben die Abb. 21 bis 24.

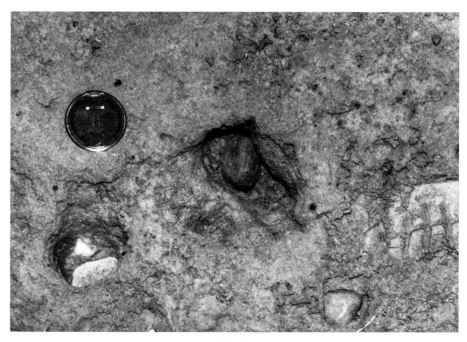

Abb. 20:
Kavitation am Grund einer erosiven Hohlform
(Q I 55; 17.1.89, Foto S. Wenzel)

Abb. 21:
Jahrhunderthochwasser an der Ilme am Jahresende 1986
Einmündung des Riepenbaches
(Q I 39; Blickrichtung N; 30.12.86)

Abb. 22:
Jahrhunderthochwasser an der Ilme am Jahresende 1986
Engstelle Amtsberge/Ellenser Wald
(Q I 46, Blickrichtung SE, 30.12.86)

Abb. 23:
Jahrhunderthochwasser an der Ilme am Jahresende 1986
Zwischen Holtensen und Hullersen
(Q I 55, Blickrichtung S; 30.12.86)

Abb. 24:
Jahrhunderthochwasser an der Ilme am Jahresende 1986
Mündungsgebiet der Ilme
(Q I 62, Blickrichtung E; 30.12.86)

III. ILME-OBERLAUF UND NEBENTÄLER

Den zweiten Untersuchungsschwerpunkt bildete der Oberlauf der Ilme samt den Nebentälern, den Talhängen und den Verebnungsflächen. Während der Unterlauf der Ilme ein seit langem landwirtschaftlich genutztes Gebiet durchzieht, ist der ca. 58 km² große Einzugsbereich des Oberlaufes mit seiner nahezu vollständigen Bewaldung, die höchstens punkthaft und nur für kurze Zeit durch Beackerung unterbrochen wurde, relativ naturnah.

Das Relief wird geprägt durch Verebnungsflächen, Neigungen unter 7° dominieren. In diese Flächen haben sich bis zu 40 m tiefe Täler eingeschnitten, an deren Talhängen häufig Neigungen bis 15° auftreten. Der Anteil noch steilerer Hänge erreicht nur wenige Prozent der Gesamtfläche. Die Talsohlen der oberen Ilme und ihrer Nebenbäche sind wesentlich schmaler als im Unterlauf der Ilme, die Längsgefälle dagegen höher (Abb. 29, 30).

Im Liegenden der überwiegend dünnen Deckschichten stehen die Gesteine der Hardegsen- und der Solling-Folge des Mittleren Buntsandsteins an. Die Schichten fallen mit 5–8°

Tab. 3:
Schichtenverzeichnis
(nach: HERRMANN, A. u.a. 1974; HOFRICHTER, E. u.a. 1976)

Folge / Mächtigkeit [m] / Name (Petrographie)

Solling-Folge
  smS4   8– 12   Tonige Grenzschichten
                  (Wechsellagerung von Ton-, Schluff- und Sandsteinen
                  von vorwiegend roter und rotbrauner Farbe)
  smS3   40–115 Karlshafener Bausandstein
                  (dickbankige, rotviolette und braunviolette, nicht sehr harte
                  feinkörnige Sandsteine)
  smS2   20– 25 Trendelburg Bausandstein
                  (braunrote, hellbraunviolette, mäßig feste Sandsteine)
  smST2   5– 10   Rote Tonige Zwischenschichten
                  (rote und rotbraune Ton- und Schluffsteine)
  smST1   3– 6   Graue Tonige Zwischenschichten
                  (grüngraue, dolomithaltige Tonsteine mit cm-mächtigen
                  Schluff- und Feinstsandlagen)
  smS1B   4– 6   Weißvioletter Basissandstein
                  (im unteren Bereich überwiegend violetter, im oberen Bereich
                  weißgrauer, dickbankiger, sehr harter Sandstein)

Hardegsen-Folge
  smH4   38– 58 Hardegsen-Abfolge 4
                  (geringmächtige, rotbraune Basissandsteine; darüber
                  Wechselfolge aus rotbraunen, mäßig festen Ton- und
                  Schluffsteinen, stark verfestigten, roten bis rotvioletten
                  feinkörnigen Sandsteinen; im höchsten Teil dunkelviolette
                  Porensandsteine)

nach Osten und Norden ein (HERRMANN u.a 1974, HOFRICHTER u.a. 1976), so daß die Täler im wesentlichen konsequent verlaufen.

A. Sedimente der Talhänge und Verebnungsflächen

Für das Untersuchungsgebiet liegen neue Geologische Karten mit Erläuterungen vor (HERRMANN u.a. 1968, 1974; HOFRICHTER u.a. 1976), in denen die Sedimente der Talhänge und Verebnungsflächen sehr genau beschrieben wurden, so daß auf eine ausführliche Darstellung an dieser Stelle verzichtet werden kann. Im folgenden werden nur einige wichtige Merkmale zusammengestellt.

1. Minerogene Deckschichten

Die Gesteine des Mittleren Buntsandstein sind im Untersuchungsgebiet nahezu vollständig von einer dünnen Deckschicht aus Löß bzw. seinen Umlagerungsprodukten und Sand überzogen. Der Sandgehalt lag nur in einer einzigen Korngrößenanalyse unter 10 %, meist war er wesentlich höher. Lößfließerden enthalten im Durchschnitt 32 % Sand (n = 12) und Schwemmlöß 41 % (n = 16). Während HERRMANN u.a. (1974: 41) für Schwemmlöß nur 10 % Sandgehalt angeben, entspricht der von ihnen für die Lößlehm-Fließerde angegebene Wert den eigenen Untersuchungen. Zusätzlich zu den genannten Bildungen kann noch eine Buntsandstein-Fließerde mit durchschnittlich 51 % Sand (HERRMANN u.a. 1974: 29–45 %) abgegrenzt werden.

Der hohe Sandgehalt ist z.T. bereits während der Akkumulation der Deckschicht durch Einwehung oder Verschwemmung entstanden, aber auch durch aktuelle Prozesse (grabende Tiere, umstürzende Bäume) wird die lößreiche Deckschicht mit den liegenden Sanden vermischt.

Ein wichtiges Charakteristikum der Fließerden sind die in ihnen enthaltenen Sandsteine, die Durchmesser von über 1 m erreichen. Die kleineren Sandsteine sind kantig oder nur schwach kantengerundet (mittlerer Zurundungsindex nach CAILLEUX I = 12–26), so daß sie sich deutlich von den fluvial transportierten Sandsteinen unterscheiden, die durchschnittliche Werte von weit über 100 erreichen.

Fließerden und Schwemmlöß bedecken vor allem in den oberen Abschnitten der Täler auch die Talsohlen. Sie können dort durch holozäne Bildungen überdeckt werden (Q R 6.15, Abb. 47). In den mittleren und unteren Talabschnitten liegen die Lößderivate häufig noch randlich auf pleistozänem Schwemmschutt oder Schotter (Q R 5.4, Abb. 43). Eine ehemalige Bedeckung der gesamten Talsohle und eine holozäne Ausräumung bzw. Umlagerung in diesen Bereichen ist wahrscheinlich.

2. Moore

Vernässungszonen, die häufig zu Moorbildung führen, bedecken knapp 6 % des kartierten Gebietes. Moore sind die auffälligsten holozänen Bildungen im Einzugsgebiet der oberen Ilme, die aufgrund ihrer Lage als Sattelmoore, Hangquellmoore und Versumpfungsmoore der Täler angesprochen werden können (SCHNEEKLOTH 1974).

Das zu den Sattelmooren zählende Torfmoor reicht randlich in das Untersuchungsgebiet hinein. In einer ersten Phase wurde in diesem Moor Birkenbruchwaldtorf gebildet, der bereits um 3200 v.Chr. von Sphagnumtorf abgelöst wurde. Die Torfmächtigkeit beträgt im Zentrum über 4 m (SCHNEEKLOTH 1967: 731).

Eine wesentlich geringere Mächtigkeit von weniger als einem Meter und ein jüngeres Alter kennzeichnet den zu den Hangquellmooren zählenden Friedrichshäuser Bruch. Nach SCHNEEKLOTH (1967) begann die Moorbildung in diesem Bruch zwischen Anfang und Mitte des letzten vorchristlichen Jahrtausends. Ebenfalls zu den Hangquellmooren gehört der Hasselbruch und der Heidelbeerbruch.

Wesentlich häufiger sind die Versumpfungsmoore der Täler. Für den Beginn der Moorbildung des zu diesem Typus gehörenden Hülsebruches gibt SCHNEEKLOTH (1974: 49) das dritte vorchristliche Jahrtausend an. Seine Untersuchungen ergeben Moortiefen, die meist zwischen 0,5 und 1,5 m liegen und nirgends 2 m überschreiten. Weitere Moore dieses Typs sind der Kükenbruch, der oberste Bereich des Abbecker Baches, der Bärenbruch, das Moor am Neuen Teich, der Limker Bruch und der Grasborner Bruch.

Besonders in den Tiefenlinien, aber auch am Hang und auf Bergrücken kommen noch eine ganze Reihe, hier nicht aufgeführter Vernässungszonen mit oder ohne Moorbildung hinzu, deren Lage aus der Morphographischen Karte (Abb. 60) zu ersehen ist.

Den Mooren fehlt ein auf eine Tiefenlinie konzentrierter natürlicher perennierender Abfluß mit den entsprechenden Prozessen und Formen. Die auf die Moore folgenden Talbereiche sind trocken oder höchstens periodisch durchflossen, eine natürlich entstandene Kerbe ist nicht vorhanden. Ausnahmen hiervon sind der Grasborner und der Hülsebruch. In diesen Brüchern sind viele Quellmulden ausgebildet, durch deren Abfluß kleine, in die pleistozänen Lockersedimente eingetiefte Kerben entstanden. Im Zuge der Entwässerungsmaßnahmen des 18. und 19. Jh. (TACKE 1943) sind in allen Mooren Entwässerungsgräben angelegt worden.

B. Fluviale Sedimente

Zur Erfassung der Sedimente wurden wie im Unterlauf Querprofile durch die Täler gelegt. Im oberen Ilmetal wurden 39, in den Nebentälern noch einmal 61 Querprofile aufgenommen. Dazu wurden ca. 660 zumeist flache Bohrungen abgeteuft.

1. Erscheinungsform, Stratigraphie

a. Schotter

Unter dem Begriff „Schotter" werden im folgenden alle die Sedimente zusammengefaßt, die zumindest lagenweise höhere Anteile von Sandsteinkiesen enthalten und sich dadurch von den Wiesensedimenten abgrenzen lassen.

Es lassen sich mehrere Schottertypen unterscheiden, wovon drei am Beispiel des Q R 6.10 (Abb. 48) beschrieben werden, wo sie durch starke lineare Erosion in einem Teich-Überlauf angeschnitten waren.

In der höchsten Position, 18 m vom rezenten Bachbett entfernt, liegen über braunem und ockerfarbenem Schluff rötlich bis braune, extrem mürbe Sandsteinkiese (= qwf1) in schluffiger bis sandiger Matrix. Ihr Zurundungsindex I = 180 (P 397.53, 397.71) zeigt deutlich einen fluvialen Transport an. Ihre Mächtigkeit beträgt ca. 30 cm. Im Hangenden ist eine Lößfließerde (Ut2, SSt', beigebraun) ausgebildet. Die in Höhenlage und Mächtigkeit sehr gleichmäßige Kiesschicht läßt sich auf ca. 11 m Länge verfolgen und setzt mit einer steilen Kante aus. Unter den beschriebenen Schichten stehen wieder Kiese an, die aber unter dem Niveau des Bachbettes liegen, so daß ihre Existenz nur durch Bohrungen erschlossen werden konnte. Eine Beschreibung ist nicht möglich, da die Kiese beim Herausziehen der Sonde regelmäßig ausflossen.

Mindestens 1 m tiefer als die Basis der qwf1-Kiese liegt die Oberfläche einer Kiesschicht aus ebenfalls rötlichen Sandsteinen in sandig-schluffiger Matrix (= qwf2). Die Sandsteine sind aber wesentlich fester als die qwf1-Sandsteine und weisen sehr unterschiedliche Zurundungsindices auf (P 397.13: 196; P 397.24c: 163; P 397.32: 119). Offensichtlich sind nicht gerundete Sandsteine aus dem in der Nähe einmündenden Seitental nicht gleichmäßig eingemischt. Unter diesen Kiesen, die etwa 1,5 m mächtig sind, liegen verspülte, Sand- und Tonsteine enthaltende lehmige Sande und sandig-tonige bis stark tonige Lehme des smST2. Im Hangenden folgt die bereits oben erwähnte, an ihrer Basis relativ sand- und kiesreiche Lößfließerde. Die Oberflächenneigung der qwf2-Kiesschicht beträgt ca. 6 %.

Der heutige Bach hat die Fließerde im Q R 6.10 durchschnitten und sich auch in die qwf2-Kiese eingeschnitten, von denen sich die Kiese im rezenten Bachbett nicht unterscheiden (I = 165; P 397.C).

Die oben durchgeführte Gliederung der Kiese ergibt sich aus ihrer stratigraphischen Position und ihrem Alter. Unterschiede ergeben sich aber bei rezent verlagerten Kiesen auch im Talverlauf durch unterschiedliche Ablagerungsbedingungen bzw. unterschiedliche Erosionskraft des Baches.

Dort wo die Bäche auf der Talsohle in einer feinkörnigen Deckschicht mäandrieren, werden Schotter nur im Bachbett selbst verlagert. Dabei kommt es in Abhängigkeit von der Transportkraft des Baches zu einer Sortierung: In Abschnitten mit einer hohen Erosionskraft bedecken mehr oder weniger gleichgroße grobe Kiese und Blöcke die Sohle des Bachbettes, in Akkumulationszonen können rezent verlagerte Kiese ganz fehlen. Ganz anders sind die Verhältnisse in den Bereichen, in denen die Bäche verwildert sind. An diesen Stellen wechseln sich Kiese und Sande unterschiedlichster Korngrößenzusammensetzung auf der gesamten Talsohle kleinräumig ab.

b. Wiesensediment

Deutlich von den Schottern unterscheidet sich ein kalkfreies, sandig-schluffiges, sehr gleichförmig ausgebildetes Sediment, das im folgenden als „Wiesensediment" bezeichnet wird. Die Bodenart ist meist „Slu" oder „Sl3" (Mittelwert: T = 10 %; U = 44 %; S = 46 %; n = 10), Abweichungen bis „S" und „Ut3" kommen vor, Kiese sind nur an wenigen Stellen enthalten. In der Korngrößenzusammensetzung ergibt sich ein deutlicher Unterschied zu den Auenlehmen und auch zur humosen Basisschicht des unteren Ilmetales.

Das Sediment hat in der Regel eine braune Grundfarbe, die wegen reduzierender Bedingungen häufig von Beige und Grau überlagert wird.

Der Humusgehalt ist mit etwa 5 % (n = 4) höher als in den Auenlehmen. Normalerweise sind schwach entwickelte A-Horizonte vorhanden, in einem Fall konnte ein sehr deutlicher Ah-Horizont mit 8 % Humusgehalt fest-gestellt werden (P 406.1).

Häufig sind kleine Holzkohlepartikel im Sediment enthalten.

Das Wiesensediment ist immer von Schottern unterlagert. Seine Basis liegt in gleicher Höhe oder – häufiger – tiefer als die Basis der auf die Talaue vordringenden Lößfließerden. Die vom Wiesensediment getragene Oberfläche liegt in bezug zur Oberfläche der Lößfließerden tiefer oder höchstens im gleichen Niveau. Zweimal konnte im Liegenden des Wiesensediments eine fossile Meilerstelle gefunden werden (1. Q R 6.13, Abb. 49, P 428.1, R 3547270 H 5735050; 2. Q I 37, R 3547500 H 5737075).

2. Vorkommen, Mächtigkeit, Menge

a. Schotter

Weichselzeitliche Schotter sind fast überall in den Talauen anzutreffen. Eine Datierung ist in vielen Querprofilen durch randliche oder vollständige Überdeckung mit Fließerden und Schwemmlöß möglich. Häufig begleiten Terrassen die Bachläufe, die aus diesen Schottern aufgebaut sind und die als Niederterrassen in den Geologischen Karten verzeichnet sind. Ihre Mächtigkeit liegt im Q R 6.10 (Abb. 48) bei ca. 1,8 m und wird auch in den anderen Niederterrassen, die sich meist um 2 m über die heutige Talsohle erheben, eine ähnliche Höhe erreichen.

Eine zeitliche Differenzierung der Schotter (= qwf1 und qwf2) war nur in Q R 6.10 (Abb. 48) möglich. In diesem Aufschluß sind die qwf1-Schotter 30 cm, die qwf2-Schotter ca. 1,5 m mächtig. In Q L 5.2 (Abb. 42) könnte außerdem das unterschiedliche Niveau der Schot-

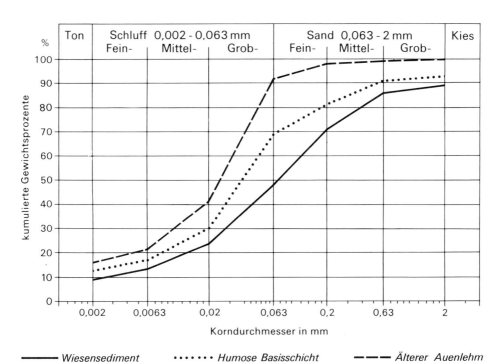

Abb. 25:
Korngrößen-Summenkurve des Wiesensedimentes in den Talauen der Solling-NE-Abdachung

Abb. 26:
Eintiefung der rezenten Bachkerbe in den anstehenden Mittleren Buntsandstein
(Oberlauf des Riepenbaches, R 3547220, H 5732420, 27.6.86)

terobergrenze auf das Vorhandensein unterschiedlich alter Schotterkörper hinweisen, deren Mächtigkeit an dieser Stelle allerdings nicht bekannt ist.

Verwilderte Bachläufe und damit auch ihre Sedimente kommen ausschließlich auf bewaldeten Talsohlen vor.

In den Betten der mäandrierenden Bäche sind fast immer Schotter enthalten. An einigen Stellen fehlen sie, da sich das rezente Bachbett bis ins Anstehende eingeschnitten hat (Abb. 26), in Akkumulationszonen können im Liegenden vorhandene qwf-Schotter durch Sandablagerungen überdeckt sein.

b. Wiesensediment

Das Vorkommen des Wiesensediments ist eng verbunden mit der Verbreitung von Grünland in den Talauen. Der Zusammenhang soll im folgenden an zwei Bachläufen exemplarisch dargestellt werden (Abb. 27, 28).

Im Tal des Riepenbaches liegt das Q R 6.3 (Abb. 45) im Hochwald an der Grenze zum Weideland. In diesem und allen anderen talaufwärts im Wald gelegenen Querprofilen und Probebohrungen war kein Wiesensediment vorhanden. 300 m vom Waldrand entfernt wurde auf einer Weide das Q R 6.9 (Abb. 46) aufgenommen, in dem bereits 65–80 cm Wiesensediment zu finden waren. Von dort bis zur Mündung in die Ilme wird die Talaue des Riepenbaches als Weideland genutzt, und in dem gesamten Bereich kommt Wiesensediment in einer Mächtigkeit von mindestens 30 cm vor.

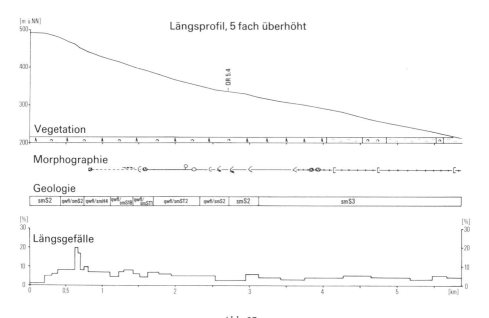

Abb. 27:
Längsprofil der Lummerke und seine Morphographie
(Legende zur Morphographie siehe Abb. 60:
Morphographische Karte; Grundlage: TK 25, Geologische Karten und eigene Untersuchungen)

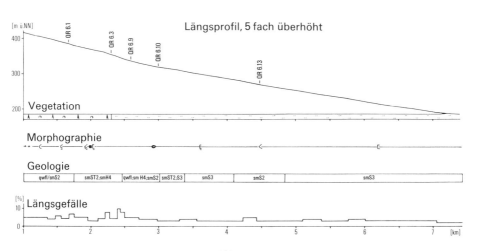

Abb. 28:
Längsprofil des Riepenbaches und seine Morphographie
(Legende und Grundlage wie Abb. 27)

Abb. 29–32:
Morphographie des Talverlaufs an der oberen Ilme

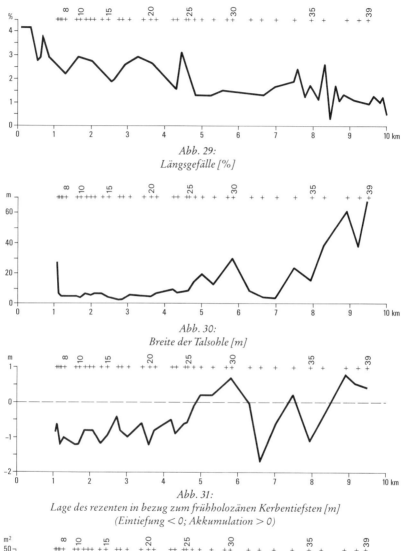

Abb. 29:
Längsgefälle [%]

Abb. 30:
Breite der Talsohle [m]

Abb. 31:
Lage des rezenten in bezug zum frühholozänen Kerbentiefsten [m]
(Eintiefung < 0; Akkumulation > 0)

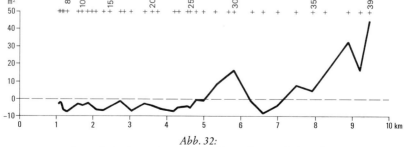

Abb. 32:
Querschnitt der erodierten bzw. akkumulierten Fläche [m²]

Im Tal der Lummerke wechseln sich Wald und Weideland mehrmals ab. Auf den letzten 250 m vor der Mündung in die Ilme bedeckt Wiesensediment die als Weideland genutzte Talaue. Talaufwärts folgt ein Waldstück, in dem die Lummerke einen verwilderten Lauf mit den entsprechenden kiesig-sandigen Sedimenten aufweist. Dies Sediment löst direkt am talaufwärtigen Waldrand das oberhalb dieser Stelle auf der Talsohle vorkommende Wiesensediment ab. Im Grünlandbereich mäandriert die Lummerke. Etwa zwischen km 4,5 und 4,8 (Abb. 27) liegt wieder ein bewaldeter Abschnitt der Talsohle. In diesem Bereich kommen verwilderter und mäandrierender Lauf gemeinsam vor. An Bewässerungsgräben ist zu erkennen, daß dieses Stück Wald einmal als Weide oder Wiese genutzt wurde. Wahrscheinlich besteht der Wald noch nicht sehr lange. Oberhalb des Waldstücks – zwischen km 4 und 4,5 – wird die mit Wiesensediment bedeckte Talaue wieder von Grünland eingenommen, in der der Bach mäandriert. Im restlichen Abschnitt – oberhalb km 4 – ist nur Wald auf der Talsohle zu finden. Interessanterweise wechseln sich aber auch hier verwilderte und mäandrierende Bachabschnitte ab. Etwa je einen halben Kilometer oberhalb und unterhalb des Pfennigborns bedecken feinkörnige Sedimente die Talaue. Unterhalb des Pfennigborns ist sicher das nachlassende Längsgefälle für diese Akkumulation verantwortlich, oberhalb könnten abnehmender Abfluß und ebenfalls geringer werdendes Längsgefälle die Ablagerungen verursachen. Im Akkumulationsbereich mäandriert die Lummerke, unterhalb ist der Abfluß verwildert.

Die Verhältnisse in den beschriebenen und an den anderen untersuchten Talauen verdeutlichen folgende Sachverhalte:
1. Überall dort, wo Grünland die Talaue einnimmt, wurde feinkörniges Sediment abgelagert. Der Umkehrschluß (Überall dort, wo feinkörniges Sediment abgelagert wurde, kommt in der Talaue Grünland vor) ist nicht zulässig, denn auch in bewaldeten Bereichen sind feinkörnige Akkumulationen möglich.
2. In den kleinen Bächen an der Solling-NE-Abdachung ist eine flächenhafte Akkumulation feinkörniger Sedimente auf der Talsohle immer mit einem mäandrierenden Bachlauf verbunden. Dabei spielt es keine Rolle, ob Grünland oder Wald die Talsohle bedecken.
3. Sandig-kiesige Ablagerungen sind stets mit einem verwilderten Abfluß verbunden.

Das Wiesensediment ist meist um 50 cm mächtig, mehrmals werden 80 cm erreicht. Im Tal der Lummerke wurden auf der ca. 0,01 km² großen, Grünland tragenden Talsohle bei einer mittleren Mächtigkeit von 48 cm rund 6600 m³ Wiesensediment abgelagert. Auf der mit Wiesen und Weiden bestandenen, 0,08 km² großen Talsohle des Riepenbaches sind 38.700 m³ akkumuliert worden (mittlere Mächtigkeit = 51 cm).

3. Herkunft

a. Schotter

Die heute im Bachbett vorhandenen Schotter bestehen vor allem in den unteren Talabschnitten aus umgelagerten Schottern der Niederterrassen und der pleistozänen Talsohlen. In den oberen Abschnitten und in kleinen Nebentälchen stammen sie im wesentlichen aus den Fließerden, die dort häufig die Talsohlen überdecken. Dabei haben die Bachläufe selektiv das Feinmaterial der Fließerden abtransportiert und die Sandsteine im Bachbett akkumuliert.

In beiden Fällen sind pleistozäne Lockersedimente die Lieferanten der rezent verlagerten Schotter, die aber auch – in insgesamt geringerem Umfang – direkt aus dem anstehenden Mittleren Buntsandstein stammen können.

In Quellnischen können kleine Mengen vorzugsweise kleinplattiger Sandsteine aus dem Gesteinsverband herausgelöst und dann weitertransportiert werden. Der maximale Rückwanderungsbetrag einer Quellnische lag bei 1,5 m (R 3547500 H 5734350).

Wesentlich mehr Schotter entstehen durch die Einschneidung der Bachbetten in die Gesteine des Mittleren Buntsandsteins, wobei besonders die Ilme und der Lakenbach starke Eintiefungen zeigen (z.B. am Lakenbach bei Q L 3.2, an der Ilme bei Q I 32, 33 jeweils ca. 2 m).

b. Wiesensediment

Aufgrund der Korngrößenzusammensetzung und des hohen Humusgehaltes müssen die mit Wald bestandenen, lößhaltigen Deckschichten der Talhänge und Ebenheiten den Hauptanteil des Wiesensediments stellen. Der gegenüber den Deckschichten erhöhte Sandgehalt des Wiesensediments stammt aus den Schottern und den anstehenden Gesteinen des Mittleren Buntsandsteins.

Für die Erosion der Deckschichten sind punkt-, linien- und flächenhaft wirksame Prozesse verantwortlich. Da sie für die fluviale Morphodynamik von wesentlicher Bedeutung sind, sollen sie im folgenden etwas ausführlicher dargestellt werden.

Im gesamten Untersuchungsgebiet wurden 62 Quellen gefunden. Davon hatten 37 eine deutlich ausgebildete Quellmulde oder -nische ausgebildet. Der Durchmesser der meist rundlichen Mulden beträgt gewöhnlich 5–10 m (maximal 20 m), die durchschnittliche Tiefe schwankt zwischen einem halben und einem Meter. Die größte Eintiefung betrug – an der Grenze smS3/smS4 gelegen – 3 m bei einer Geländeneigung von 5 % (R 3545150 H 5733400). In vielen Fällen konnte durch die Erosionsleistung des Quellwassers die pleistozäne Deckschicht erodiert werden. Die Erosionsleistung wird wesentlich von der Schüttung bestimmt, die wiederum ganz besonders abhängt von den geologisch-tektonischen Verhältnissen. Schicht- und Verwerfungsquellen sind relativ häufiger perennierend und bilden häufiger Erosionsformen aus als andere Quellen.

Tab. 4:
Zusammenstellung der Quellen

Quellen insgesamt	perennierend	episodisch periodisch	Σ
Schichtquellen	10	9	19
Verwerfungsquellen	7	2	9
sonstige	13	21	34
Σ	30	32	62

Quellen mit deutlicher Mulde oder Nische	perennierend	episodisch periodisch	Σ
Schichtquellen	7	5	12
Verwerfungsquellen	5	2	7
sonstige	7	11	18
Σ	19	18	37

Abb. 33:
Quellmulde am Rand des Hülsebruches
(R 3543340 H 5731700, Blickrichtung S, Durchmesser 18 m,
Eintiefung 1 m, Geländeneigung 8 %; April 1986)

Abb. 34:
Kerbe in pleistozäner Fließerde
(R 3547220 H 5732420, Blickrichtung E, Juni 1986)

In vielen Quellmulden ist mehr als 0,5 m Moor aufgewachsen, was auf ein höheres Bildungsalter hinweist. Da das Wiesensediment sehr jung ist (S. 64), kann das aus den Quellmulden erodierte Material nur in vernachlässigbar kleinem Umfang zur Ablagerung beigetragen haben.

In den oberen Talabschnitten, häufig ausgehend von den Quellmulden, haben sich die Bäche in die lößhaltigen Decksedimente eingeschnitten (Abb. 34). Auch diese Form der Erosion kann aus zwei Gründen nicht wesentlich an der Bildung der Wiesensedimente beteiligt sein.

Erstens weisen die Kerben durch ihren Zusammenhang mit den häufig vermoorten Quellmulden auf ihr – in bezug zum Wiesensediment – relativ hohes Alter hin. Zweitens reicht die Menge des Materials, das auf diese Weise aufgenommen wird, bei weitem nicht aus für die Bildung der Wiesensedimente. Das verdeutlicht eine Überschlagsrechnung, nach der die Gesamtmenge des im Flußbett erodierten Materials, einschließlich der Einschneidung in den anstehenden Buntsandstein, im Ilmetal und in den Nebenbächen geringer ist als die Menge der in der Talaue akkumulierten Sedimente (siehe Tab. 9). Die zur Bildung der Wiesensedimente notwendige Materialmenge muß also durch andere Prozesse von den bewaldeten Talhängen abgespült worden sein, und zwar durch flächenhafte Abspülung und durch Erosion auf Wegen.

In Tab. 5 sind alle Stellen aufgeführt, in denen an der Solling-NE-Abdachung ein Abtrag der mineralischen Bodenbestandteile unter Wald festgestellt werden konnte. Sehr häufig wiesen eingeregelte Fichtennadeln auf oberflächlichen Abfluß hin. Solange die Streuschicht dabei nicht zerstört war und keine mineralischen Bodenbestandteile verschwemmt waren, blieben diese Stellen unberücksichtigt. Von den ebenfalls häufiger vorkommenden Verspülungen durch Stammrieselwasser wurde nur ein Beispiel in die Tabelle aufgenommen. Die Exposition war in diesem Fall ohne Belang und wurde daher in Klammern gesetzt.

Am häufigsten von Bodenabtrag betroffen sind mit Fichten bestandene, steile Westhänge. Durch die Zerstörung der Auflagehorizonte kann auf Wildwechseln auch in anderer Exposition und an flacheren Hängen erodiert werden. Außerdem wird deutlich, daß Buchenwald wesentlich weniger anfällig ist als der seit dem 18. Jh. vermehrt angepflanzte Fichtenwald.

Obwohl danach gesucht wurde, konnten Erosionsrillen unter der Fichtennadelstreu nur einmal gefunden werden. Wahrscheinlich ist ihre Bedeutung für den Bodenabtrag doch nicht so groß, wie es nach den Beobachtungen von HEMPEL (1956a) erscheinen mag.

Einen wesentlichen Einfluß auf die Abtragungsprozesse hat die Nutzungsart. Während im Buchenwald Plenterwirtschaft getrieben wird, wird der Fichtenwald im Kahlschlagbetrieb abgetrieben. Die Auswirkungen eines Kahlschlages sollen am Beispiel des in der Tabelle aufgeführten, 26° geneigten Westhanges kurz dargestellt werden.

Abgeholzt wurde ein 100–110jähriger Fichtenhochwald mit einer Bodenbedeckung aus Nadelstreu, Moosen, Blaubeeren und Erica. Die oberflächennahen Wurzeln der gefällten Fichten sind häufig freigespült, Abtragungsbeträge des mineralischen Bodens von 10 cm sind keine Seltenheit. Kleine Erosionsrillen sind häufig. Teilweise ist unter den Wurzeln, die vor Regentropfen Schutz bieten, ein Grat stehengeblieben. An hangparallel wachsenden Wurzeln sind Materialauflaufen oberhalb und Abtrag unterhalb festzustellen. Auch unterhalb von Erica- und Blaubeerbüschen sind mehrere Zentimeter hohe Stufen zu finden. Die Moospolster sind teilweise abgestorben und erodiert worden. Seit dem Kahlschlag, der 1979/80 erfolgt ist, ist ein sehr lichter Fichtenjungwuchs aufgekommen, Himbeersträucher und Deschampsia flexuosa haben sich stark ausgebreitet. Trotzdem lag der Boden z.Zt. der Aufnahme 1986 noch auf großen Arealen bloß. Die Erosionsspuren konnten bis zur Talsohle ver-

Tab. 5:
Bodenabtrag unter Wald

Lage	Neigung	Exposition	Vegetation	Bemerkungen
R 3547450 H 5734020	18°	W	Fichten	Fichtenwurzeln freigespült
R 3546950 H 5735900	27°	W	Mischwald	Boden freigespült und erodiert
R 3542970 H 5709820	31°	W	lichter Fichten- wald, wenige Buchen	Boden freigespült
R 3543370 H 5709570	34°	NW	lichter Buchenwald	Boden freigespült
R 3548270 H 5735280	28–33°	W	Fichten	Materialauflaufen an Bäumen
R 3547990 H 5734080	15°	(S)	Fichten	Boden durch Stammrieselwasser verspült
R 3539700 H 5734400	20°	SW	Fichten	leichte Abspülung auf Wildwechsel
R 3544880 H 5732180	9°	NW	Fichten	Erosionsrillen auf Wildwechsel
R 3544270 H 5732920	14°	NE	Fichtenjungwuchs	durch Wildwechsel zerstörte Bodenauflage, dort Materialverlagerung durch Prallwirkung von Regentropfen
R 3541280 H 5733570	14°	S	Fichten	durch Wildwechsel zerstörte Bodenauflage, dort Materialverlagerung durch Prallwirkung von Regentropfen
R 3544900 H 5731700	7°	SW	Fichten	Rillenerosion unter der Nadelstreu
ca. R 3546170–350 ca. H 5733000–250	26°	W	Kahlschlag (Fichten)	starke Bodenerosion nach Kahlschlag

folgt werden, Akkumulationen am Hangfuß waren nicht festzustellen. Die korrelaten Sedimente der Erosion wurden bereits vom Bach abtransportiert.

Aus den Beobachtungen geht hervor, daß mit der Einführung der Fichte im 18. Jh. und deren Nutzungsweise eine Zunahme der flächenhaften Abtragung und damit ein vermehrter Sedimenteintrag in die Tiefenlinien stattgefunden hat. Bereits seit dem Ende des 17. Jh. kann es durch die immer stärker werdende Nutzung vermehrt zu Kahlschlägen gekommen sein (REDDERSEN 1934, TACKE 1943) und stellenweise zur Ablösung von Hochwald durch Niederwald (HILLEBRECHT 1982). Beides führt zu einem Anstieg der Abspülung seit dem Ende des 17. Jh.

Durch die vermehrte Nutzung des Waldes wird es gleichzeitig zu einer verstärkten Anlage von Wegen gekommen sein, die heute etwa 3 % der Fläche der Solling-NE-Abdachung einnehmen. Auf den Wegen wird direkt auftreffender Niederschlag, oberflächennaher und Oberflächenabfluß vom Hang gesammelt und abgeleitet. Durch den konzentrierten Abfluß entstehen Erosionsrillen und im Laufe der Zeit Hohlwege (siehe Morphographische Karte). Wegen der großen Anzahl der Wege ist der zusätzliche Sedimenteintrag in die Bäche recht bedeutend (vgl. NIETSCH 1955).

Abb. 35:
Durch Moorentwässerung entstandene Kerbe am Repkebach
(Foto: S. Wenzel; R 3542300 H 5737460; Richtung NE; 29.10.85)

Eine geringere Sedimentlieferung, die aber im Hinblick auf die fluviale Morphodynamik wichtig ist, kommt aus den Talabschnitten unterhalb der Moore. Im Rahmen der Entwässerungsmaßnahmen wurden die Moore mit einem Netz von Entwässerungsgräben durchzogen. Das normalerweise nur langsam von den Mooren abgegebene Wasser wird dadurch schneller und konzentrierter abgeleitet. Die Folge ist eine Eintiefung der Entwässerungsgräben und in den Talabschnitten unterhalb der Moore die Entstehung kleiner Kerben, deren junges Alter durch unterspülte Fichten dokumentiert wird (Abb. 35).

4. Datierung

a. Schotter

Der größte Teil der rezent im Bachbett verlagerten Schotter stammt aus den Niederterrassen und Fließerden, die sich aufgrund ihrer Lößbedeckung bzw. ihres Lößgehaltes als pleistozän ausweisen. Wie der Aufschluß im Q R 6.10 (Abb. 48) zeigt, können die Niederterrassen zweiphasig entstanden sein. Nach der Ablagerung der qwf1-Schotter folgte eine Erosionsphase, die wieder von einer Akkumulationsphase abgelöst wurde. Nach der Ablagerung der qwf2-Schotter folgte schließlich die Lößaufwehung, die die ohnehin geringen Höhenunterschiede verdeckte.

Nach den Untersuchungen von SEMMEL (1972) lassen sich in den Mittelgebirgen zwei würm-kaltzeitliche Schotterkörper nachweisen.

Der nach SEMMEL bis zum mittleren Jungwürm entstandene ältere Schotterkörper entspricht wahrscheinlich dem qwf1-Schotter, der nach einer Erosionsphase im mittleren Jungwürm bis zur Jüngeren Tundrenzeit entstandene dem qwf2-Schotter.

Nur dort, wo sich die Bäche in das Anstehende einschneiden, wird Schotter neu gebildet. Die relativ starke Einschneidung an der Ilme und am Lakenbach geht wahrscheinlich auf die Holzflößerei zurück. 1680 wurde der Lakenteich am Lakenbach, 1737 der Neue Teich an der Ilme fertiggestellt. Diese Teiche wurden in regelmäßigen Abständen geöffnet. Dadurch wurden Hochwässer erzeugt, mit deren Hilfe Brennholz die Ilme hinabgeschwemmt werden konnte.

b. Wiesensediment

Das geringe Alter des Wiesensediments wird belegt durch die im Sediment verstreuten Holzkohlepartikel, die auf die seit dem 12. Jh. betriebene Köhlerei zurückgehen.

Eine weitere zeitliche Eingrenzung ist möglich durch zwei fossile Meilerstellen. Im Q R 6.13 (Abb. 49) liegt an der Basis des Wiesensediments eine vom Bach angeschnittene, ebene Holzkohlelage, die nach einer C 14-Datierung mit dendrochronologischer Korrektur auf 1630 n.Chr. datiert wurde (P 428.1)[8]. In derselben stratigraphischen Position liegt eine fossile Meilerstelle im Q I 37.

Die Anlagen zur Wiesenbewässerung (Stauvorrichtungen, Kanäle) haben einen Einfluß auf die Ablagerung des Wiesensediments gehabt, was allein schon aus der größeren Mächtigkeit des Sediments oberhalb von Staufstufen hervorgeht. Die bisher älteste Anlage zur Wiesenbewässerung im Solling konnte nach einer freundlichen mündlichen Mitteilung von Dr. E. SCHRÖDER, Göttingen, auf 1764 datiert werden. Möglicherweise sind auch schon im 17. Jh. solche Anlagen vorhanden gewesen, so daß Wiesenbewässerung und Wiesensedimente gleichzeitig entstanden.

C. Akkumulations- und Erosionsbedingungen, Morphodynamik

1. Holozän bis Ende Mittelalter

Nach der Akkumulation der Niederterrassen wurden die Talsohlen vor allem der Oberläufe vollständig mit lößhaltigen Deckschichten überzogen. Wahrscheinlich entstand auch in den Mittel- und Unterläufen der Bäche eine solche Bedeckung, da die Schotter randlich häufig von Lößdeckschichten überlagert werden.

---

[8] Nach DENECKE (1976b: 217) wurden die Meiler bis in die zweite Hälfte des 19. Jh. in kleinen Gruben errichtet. Nach der Datierung hat es aber schon im 17. Jh. Platzmeiler gegeben, so daß beide Meilertypen nebeneinander vorgekommen sein müssen.

Die wichtigsten Veränderungen der fluvialen Morphodynamik mit dem Beginn des Holozäns sind der verringerte Sedimenteintrag in die Tiefenlinien wegen der dichter werdenden Vegetation und eine beginnende Tiefenerosion.

Bevorzugt an den Anfangspunkten der Bäche, aber auch an anderen Punkten des Talverlaufs, entstanden in den feinkörnigen Deckschichten Quellmulden. Die Entstehung ähnlicher, größerer Hohlformen wurde von HORN & SEMMEL (1985) auf spätpleistozäne Frosthebung zurückgeführt. Es ist nicht auszuschließen, daß auch die Quellmulden im Solling bereits auf diese Weise präholozän vorgebildet wurden. Ihre Verbindung mit den in die pleistozänen Fließerden eingetieften Kerben und ihre frische Form lassen aber eine im wesentlichen holozäne Entstehung vermuten.

Die Gesteine des Mittleren Buntsandsteins werden durch Quellerosion nur in geringem Umfang und nur an sehr steilen Hängen abgetragen.

In den Tiefenlinien kommt es zu einer linearen Erosion. In den Oberläufen schneiden sich die Bäche in die Lößdeckschichten ein, in ihren Mittel- und Unterläufen tragen sie pleistozäne Schotter ab und graben sich stellenweise auch in den Mittleren Buntsandstein ein. Die Gesamteintiefung liegt aber nur selten über 2 m, und in einigen Abschnitten überwiegt die Akkumulation.

Wesentlich tiefere Kerben wurden bei Vergleichsuntersuchungen an einigen Bächen im Bramwald gefunden, die wegen der Nähe des Vorfluters Weser ein sehr hohes Gefälle aufweisen.

Der Bach, der bei Forsthaus Glashütte in die Weser mündet, (TK 25 Blatt 4423 Oedelsheim; Abb. 36), ist bereits 250 m unterhalb der Wasserscheide knapp 10 m eingeschnitten. Erosionsfördernd sind das hohe Längsgefälle von 40 %, ein Gesteinswechsel von hangendem Sandstein zu liegendem Tonstein und eine damit verbundene Quellschüttung. Das erodierte Material wird zum großen Teil bereits 200–300 m weiter unterhalb auf der Talsohle wieder abgelagert. Dort wird nur noch eine 1 m tiefe Kerbe freigehalten. Bei der Einmündung einer Kerbe von rechts, etwa 1 km von der Wasserscheide entfernt, erreicht die Eintiefung noch einmal ein Maximum von 4 m. Die Eintiefung hängt also sehr stark von Neigung, Gestein und Wasserangebot ab.

In den oberen Talabschnitten zeigen die in die pleistozänen Lockersedimente eingegrabenen, schmalen Kerben der Bäche an der Solling-NE-Abdachung entweder einen gestreckten oder einen mäandrierenden Lauf. In den Mittel- und Unterläufe haben die Bäche die wahrscheinlich ehemals vorhandenen Deckschichten soweit abgetragen, daß mehrere Meter breite, schotterbedeckte Talsohlen entstanden sind. Wie die Untersuchungen zeigen, haben die Bäche auf schotterbedeckten Talsohlen einen verwilderten Lauf. Daraus kann man schließen, daß es – im Gegensatz zu dem Umbruch vom verwilderten zum mäandrierenden Lauf bei größeren Flüssen – in den kleinen, von pleistozänen Lößdeckschichten überzogenen Talauen zu einem Umbruch vom mäandrierenden zum verwilderten Lauf kam.

Die Täler der Solling-NE-Abdachung weisen auffällig hohe Anteile trockener und episodisch/periodisch duchflossener Talabschnitte auf, was vor allem auf die große Klüftigkeit und die tektonische Beanspruchung des Mittleren Buntsandsteins zurückzuführen ist (Abb. 37; DÖRHÖFER 1984).

In diesen wenig durchflossenen Abschnitten ist ausschließlich bei Hochwasserereignissen eine fluviale Formung möglich. Wenn auf den z.Zt. der Geländeaufnahme trockenen Talsohlen Anzeichen für einen Abfluß vorhanden waren (teilweise waren bis zu etwa 1 m tiefe Kerben vorhanden), dann wurden die Talabschnitte als „episodisch/periodisch durchflos-

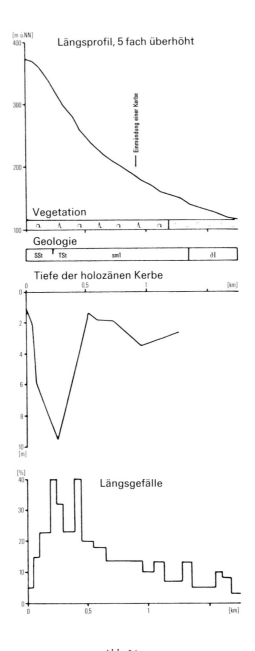

Abb. 36:
Längsprofil durch einen Nebenbach der Weser und seine Morphographie
(TK 25 Blatt 4423 Oedelsheim, Mündung bei R 3542680 H 5710200;
Grundlage: TK 25, Geologische Karten und eigene Untersuchungen)

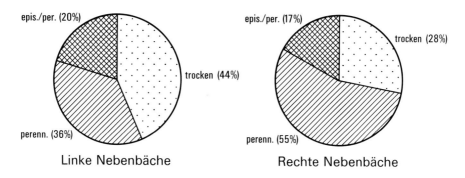

Abb. 37:
Anteile von trockenen, episodisch/periodisch und perennierend durchflossenen Talabschnitten an der Gesamttallänge der Täler an der Solling-NE-Abdachung
(Grundlage: Morphographische Kartierung)

sen" klassifiziert. Die Abschnitte, in denen deutliche Hinweise fehlten und die auch nach längeren und intensiveren Niederschlägen keinen Abfluß zeigten, wurden als „trocken" bezeichnet. Der Unterschied zwischen „episodisch/periodisch duchflossenen" und „trockenen" Tälern ist aber unscharf. Mit Hilfe einer fossilen Meilerstelle (R 3542680 H 5733690, Abb. 38) konnte z.B. in einem nach der ersten Begehung als „trocken" angesprochenen Nebental des Lakenbaches eine starke fluviale Aktivität nachgewiesen werden.

Die nach der C 14-Methode und dendrochronologischer Korrektur auf 1630 n.Chr. datierte, durch eine Grabung aufgeschlossene Holzkohleschicht liegt auf pleistozäner Lößfließerde, die bereits pleistozän leicht verspült wurde. Über der Holzkohle folgen mehrere, unterschiedlich humose Schichten aus Kiesen und Sanden, die aus talaufwärts gelegenen Bereichen stammen müssen, da die angrenzenden Hänge vollständig mit einer Lößfließerde überzogen sind. Bei einem extremen Hochwasser am 31.12.86 konnte an dieser Stelle ein Abfluß von rund 80 l/sec[9] beobachtet werden. Etwa 20 m oberhalb der verschütteten Meilerstelle divergierten die Abflußlinien, so daß es gerade im Bereich der Meilerstelle zur Akkumulation kam.

Selbst in scheinbar inaktiven Bereichen kann es also episodisch durch Hochwasserereignisse zu beachtlicher fluvialer Morphodynamik kommen, und es ist anzunehmen, daß dies auch während des gesamten Holozäns geschehen konnte. Normalerweise läßt sich die Formung bzw. ihre Intensität aber nur schwer erschließen, da durch die sehr seltenen Ereignisse kaum unterscheidbare und datierbare Sedimente gebildet werden. Immerhin wurden in mehreren „Trockentälern" in 5–10 cm Tiefe im Talbodensediment einzelne Holzkohlestücke gefunden, die auf eine Umlagerung in historischer Zeit hinweisen.

Die Befunde zeigen die Wichtigkeit der Hochwässer für die fluviale Morphodynamik, die z.B. auch PÖRTGE (1986) nach Untersuchungen in einem Buntsandsteingebiet nahe Göttingen betont.

---

[9] Eine recht genaue Schätzung war möglich, da der Abfluß durch den dortigen Aufschluß gebündelt wurde und so die Querschnittsfläche ausgemessen werden konnte (Breite 80 cm, Wassertiefe 5 cm).

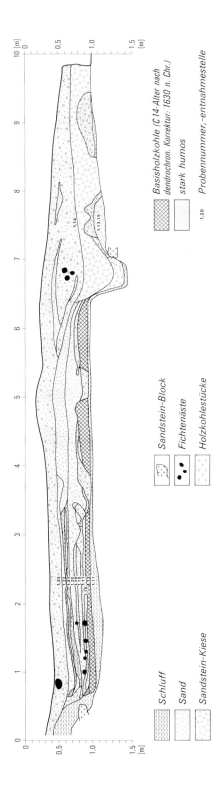

Abb. 38:
Fossile Meilerplattform in einem Nebental des Lakenbaches (R 3542680 H 5733690)

Korrelationen zwischen dem Längsgefälle oder dem Untergrund mit der Tiefe der holozänen Kerben bringen wegen der geringen Variabilität der Kerbentiefen keine auswertbaren Ergebnisse. Einzelne Akkumulations- oder Erosionsbereiche lassen sich auf einen Wechsel im Gestein (durchlässig/undurchlässig, dick-/dünnbankig) oder im Längsgefälle zurückführen, was allerdings hinlänglich bekannt ist und nicht weiter erläutert werden muß.

Die bis ins Mittelalter extensive Nutzung der Solling-NE-Abdachung durch den Menschen hat keine im Sediment feststellbaren Veränderungen der fluvialen Morphodynamik hervorgerufen. Deutliche Veränderungen treten erst in der Neuzeit auf.

2. Neuzeit

In der Neuzeit, vor allem nach dem 30jährigen Krieg, wurde der Sollingwald immer stärker genutzt. Es entstanden viele Blößen, wahrscheinlich auch Kahlschläge, das Wegenetz wurde dichter. Spätestens im 18. Jh., wahrscheinlich aber schon im 17. Jh. begann man mit der Bewässerung der Wiesen an den Talhängen der Sollingbäche.

Dazu wurden in unregelmäßigen Abständen in den Talauen Staustufen angelegt, mit deren Hilfe das Wasser der Bäche in kleine, flache Kanäle geleitet wurde, die sich mit geringem Gefälle an den Talhängen entlangzogen und so schnell an Höhe über der Talsohle gewannen. Wurden die Kanäle gestaut, floß das Wasser flächenhaft über die Wiesen ab und bewässerte, düngte und erwärmte sie.

Durch die vielen Staus und die Einleitung des Wassers in die Kanäle wurde die Erosionskraft der Hochwässer auf der Talsohle besonders zur Schneeschmelze stark vermindert, denn gerade im Frühjahr war die Bewässerung für die Erwärmung der hochgelegenen Sollingwiesen wichtig. Aber auch die Sommerhochwässer wurden gedämpft, so daß der Abfluß auf der Talsohle insgesamt abnahm. Das bis dahin sandig-kiesige Sediment der Talsohlen wurde seltener verlagert und zusätzlich durch Gräser zunehmend vor Abtragung geschützt.

Die unter diesen Voraussetzungen durch die Wiesenbewässerung initiierte Ablagerung der feinkörnigen Wiesensedimente führte nach dem ersten Umbruch vom mäandrierenden zum verwilderten Abfluß am Beginn des Holozäns zu einem zweiten Umbruch, der wieder zu einem mäandrierenden Abfluß führte (Abb. 39). Dort, wo heute Wald die Talauen einnimmt und normalerweise kiesig-sandige Sedimente die Talaue bedecken, ist immer noch ein verwilderter Abfluß vorhanden.

Das Fehlen der Wiesensedimente in bewaldeten Talabschnitten zeigt, daß ihre Akkumulation nicht von der seit dem 17. Jh. zunehmenden Sedimentlieferung der Hänge ausgelöst wurde, denn dann müßten auch in den bewaldeten Bereichen überall feinkörnige Sedimente auftreten. Bewaldete Talsohlen sind aber typischerweise auch heute noch mit Schottern bedeckt. Da die Wiesensedimente sehr eng an das Vorkommen von Grünland gekoppelt sind, muß die Nutzungsart bzw. die Vegetation die hauptsächliche Ursache ihrer Akkumulation sein.

Bereits lange vor ihrem recht genau ins 17. Jh. zu datierenden Akkumulationsbeginn hat es in den Sollingtälern Wiesen gegeben, durch die es nicht zu Akkumulationen gekommen ist. Es ist aber fraglich, ob diese Wiesen mit den heutigen vergleichbar sind. TACKE (1943) berichtet z.B. über Sollingwiesen, die sehr schnell verbuschen. Wahrscheinlich war der Arbeitsaufwand zu hoch, um sie in einem guten Zustand zu halten, und am ehesten wird man darauf verzichtet haben, die sowieso wenig ertragreichen Talsohlen vom Gebüsch zu

Abb. 39:
Hochwasserabfluß auf einer mit Wiesensediment bedeckten Talsohle
(Mittellauf des Riepenbaches, Richtung NNW, 10.6.86)

befreien. Möglicherweise sind die Talauen also tatsächlich erst seit dem Bau der Bewässerungsanlagen als Wiese genutzt wurden, und daher ist eine Verallgemeinerung, Wiesen ohne Bewässerung förderten nicht die Bildung feinkörniger Sedimente, sicher nicht zulässig.

Die zunehmende Sedimentfracht der Bäche ist nicht die Ursache für die Bildung der Wiesensedimente, hat aber sicher einen wesentlichen Anteil an der Intensität ihrer Ablagerung, die mit 1,6 mm/a fast genauso schnell ablief wie die Akkumulation des älteren Auenlehms an der unteren Ilme (= 1,7 mm/a). Für den älteren Auenlehm konnte eine immer geringer werdende Akkumulationsrate nachgewiesen werden, und wahrscheinlich hat auch die Ablagerungsintensität des Wiesensediments mit der Zeit nachgelassen. Tatsächlich fließen z.Zt. auch starke Hochwässer in den mit Wiesensediment bedeckten Talauen randvoll ab, d.h. daß die Aufhöhung der Talsohlen heute im wesentlichen beendet ist. Darauf weisen auch die vorhandenen A-Horizonte hin.

Wie für das untere Ilmetal wurde für das obere Ilmetal die Querschnittsfläche des akkumulierten Sediments und zusätzlich die Querschnittsfläche der Kerben für jedes Querprofil näherungsweise bestimmt und in Beziehung gesetzt zur Talbreite (Abb. 40). Es zeigt sich, daß die Querschnittsfläche des akkumulierten Sediments weitgehend (r = 0,95) von der Talbreite abhängt, da sich die Mächtigkeit kaum ändert. Die Talbreite hat dagegen so gut wie keinen Einfluß auf die Querschnittsfläche der Kerbe, d.h. andere Faktoren, wie z.B. die Resistenz und die Bankigkeit des Untergrundes, sind wesentlich wichtiger für die Eintiefung als die Talbreite.

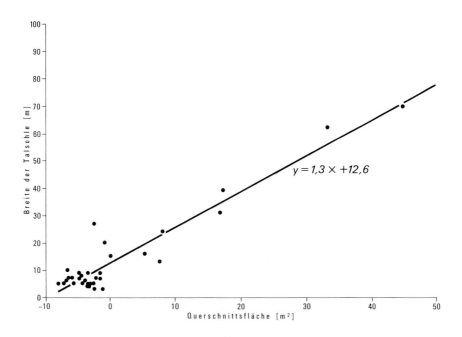

Abb. 40:
Korrelation zwischen der Querschnittsfläche der Erosion/Akkumulation und der Talbreite im oberen Ilmetal

Die Anlagen zur Wiesenbewässerung wurden nach einer freundlichen mündlichen Mitteilung von Dr. SCHRÖDER, Göttingen, bis in die 50er Jahre dieses Jahrhunderts genutzt. Die Kanäle sind heute noch gut zu erkennen, sind aber inzwischen versandet und zur Wasserleitung nicht mehr brauchbar. Auch die Stauanlagen sind bis auf wenige Ausnahmen verfallen. Durch die Aufgabe der Anlagen hat sich der Abfluß stärker auf die Tiefenlinien konzentriert, wodurch die Erosionskraft der Bäche wieder zugenommen hat. Die Auswirkung starker Seitenerosion zeigt sich z.B. an der Ilme im Bereich des Q I 37. Dort waren beide Ufer durch Mauern befestigt. Die Mauer am rechten Ufer ist heute durch fluviale Erosion teilweise zerstört und das Ufer etwa 2 m zurückverlegt worden. Andere, weniger auffällige Beispiele finden sich an vielen Stellen.

Es ist aber sicher nicht richtig, die Zunahme der Erosion nur auf die Aufgabe der Wiesenbewässerung zurückführen zu wollen. Auch durch andere Veränderungen wurde der Abfluß erhöht. Dazu gehört die Befestigung der Straßen, die vermehrte Anlage von Straßengräben und die vollständige Entwässerung der Moore, die in den oberen Talabschnitten zu deutlicher Kerbenbildung geführt hat.

Die Flößerei wurde am Lakenbach zwischen 1680 und ca. 1850 betrieben. Es läßt sich zwar nicht direkt nachweisen, wie stark sich der Lakenbach in dieser Zeit eingetieft hat. Vergleicht man aber die Kerbentiefe des Lakenbaches, die ca. 2 m beträgt, mit der der anderen Bäche, deren Kerben 1 m Tiefe kaum übersteigen, kann man die auf die Flößerei zurückgehende Eintiefung auf etwa 1 m festsetzen. Diese zusätzliche Eintiefung hat vollständig in den Gesteinen des Mittleren Buntsandstein stattgefunden. Derselbe Betrag ergibt sich auch aus der Einschneidung der Ilme.

Abb. 41:
Rezente Kerbenbildung an einem Teich-Überlauf
(Q R 6.10; R 3547410 H 5733740; Blickrichtung Nord; Foto S. Wenzel, 27.6.86)

Auch hier wird die besondere Bedeutung der Hochwässer für die fluviale Morphodynamik deutlich.

Abschließend sei kurz auf die mit Abstand stärkste rezente Tiefenerosion des gesamten Untersuchungsgebietes eingegangen, die im Tal des Riepenbaches stattfand (Q R 6.10, Abb. 41, 48). Da im Talgrund Fischteiche angelegt wurden, mußte der Bach in einem kleinen Graben um sie herum geleitet werden. Der Graben wurde unterhalb der Teiche mit einem Gefälle von 7,5 % zur Talsohle geführt. Nach Aussage von Herrn SIEVERT, dem Besitzer der Teiche, ist die Erosion vor allem auf ein sehr starkes Hochwasser im Jahre 1981 zurückzuführen. Neben der Intensität des Abflusses haben das sehr starke Gefälle des Grabens und die leichte Erodierbarkeit des Materials, in dem der Graben angelegt war, die Erosion ermöglicht.

IV. VERGLEICH DER GEBIETE

Nach den durchgeführten Untersuchungen unterscheiden sich die fluvialen Sedimente der Teiluntersuchungsgebiete erheblich voneinander.

Im Unterlauf der Ilme liegt direkt auf den pleistozänen, z.T. im Holozän verlagerten Schottern eine stark humose Basisschicht, die im subrosiv abgesenkten Ilme-Mündungsgebiet flächenhaft und in großer Mächtigkeit vorhanden ist, sonst jedoch nur in geringer Mächtigkeit vorkommt und zudem häufig von Schotterinseln durchbrochen wird. Darüber folgt ein flächenhaft verbreiteter älterer Auenlehm von auffallend gleichmäßiger Mächtigkeit, der von jüngerem Auenlehm entweder überlagert oder − nach vorheriger Ausräumung − in Flußschlingen ersetzt wird.

Diese Sedimente sind am Oberlauf der Ilme und in ihren Nebentälern nicht vorhanden, ihre talaufwärtige Verbreitungsgrenze konnte an der Ilme gut festgelegt werden.

Die humose Basisschicht findet ihre Begrenzung bereits nördlich von Relliehausen (Q I 40), sieht man von einem ganz geringen Vorkommen einmal ab, das an der Einmündung des Riepenbaches in einer einzigen Bohrung zu finden war (Q I 39).

Bei Relliehausen konnten unter Auenlehm direkt auf den liegenden Schottern Eisenschlacken gefunden wurden, die frühestens im 13. Jh. entstanden sein können (S. 38), so daß an dieser Stelle kein älterer Auenlehm mehr vorkommt. Der weiter als der ältere Auenlehm in den Oberlauf hineinziehende, auffällig sandhaltige jüngere Auenlehm ist eine Mischung aus den korrelaten Sedimenten einer Bodenerosion auf den jüngeren Rodungsflächen der Siedlungen Abbecke (gegründet 1780), Friedrichshausen (entstanden 12.−15. Jh.; DENECKE 1976a: Abb. 3) und Sievershausen sowie einer Abspülung unter Wald und einer linearen Erosion im Oberlauf der Ilme und ihrer Nebenbäche.

Nur wenig talaufwärts an der Einmündung des Riepenbaches in die Ilme (Q I 39) ist auch kein jüngerer Auenlehm mehr vorhanden. Das dort die Schotter bedeckende Sediment besteht zum größten Teil aus Sand (S, Su) und kann nicht mehr das korrelate Sediment einer Bodenerosion auf Ackerflächen sein, da seit dem Beginn seiner Entstehung im 17. Jh. keine Ackerflächen im Einzugsgebiet vorhanden waren.

Damit lassen sich nur die pleistozänen Schotter bis in die Talsohlen der Oberläufe hinein verfolgen, wo sie häufig von Löß bzw. seinen Umlagerungsprodukten überzogen sind. Teilweise ist diese Bedeckung auch heute noch vorhanden, im größten Teil der Talverläufe ist sie aber im Holozän abgetragen worden, sofern sie nicht − vor allem in den unteren Abschnitten der Täler − überhaupt gefehlt hat.

Zumindest in einigen Talabschnitten hat daher erst nach der Erosion der Lößdeckschichten Schotter die Oberfläche der Talsohlen gebildet, wo er intensiv umgelagert wurde. Solche Schotteroberflächen sind auch heute noch dort vorhanden, wo die Talsohle bewaldet ist. In den als Grünland genutzten Talabschnitten werden die Schotter dagegen von einem feinkörnigen, jungen Sediment bedeckt, das als „Wiesensediment" bezeichnet wurde.

Die aus den Sedimenten zu erschließende fluviale Morphodynamik hat in beiden Teiluntersuchungsgebieten im Verlauf der Zeit starken Veränderungen unterlegen. Diese Veränderungen sollen im folgenden unter besonderer Berücksichtigung der räumlichen Differenzierung noch einmal zusammenfassend dargestellt werden.

Durch den Klimawechsel am Beginn des Holozäns kam es im Unterlauf der Ilme zu einer Ablagerung feinkörniger Sedimente. Gleichzeitig wurden in den Oberläufen die stark lößhaltigen Deckschichten der Talsohlen erodiert. Die Erosionsprodukte dieser linearen Einschneidung haben wegen ihrer geringen Menge nur unwesentlich zum Aufbau der humosen Basisschicht beigetragen. Die Hauptmenge der humosen Basisschicht muß daher aus den Erosionsprodukten einer Lateralerosion in der Talaue selbst oder aus einer flächenhaften Abspülung der Hänge stammen. Das unterstützt die Befunde von WILDHAGEN & MEYER (1972: 49f) an der oberen Leine. Sie schließen aufgrund bodenkundlicher Befunde ebenfalls aus, daß die − der humosen Basisschicht entsprechenden − allochthonen A-Lehme aus den Erosionsprodukten einer Rinnenerosion an den Talflanken und im Einzugsbereich der Seitenbäche entstammen.

Im Mündungsgebiet der Ilme führte die im Zusammenhang mit einer subrosiven Absenkung stehende Ablagerung einer mächtigen humosen Basisschicht zu einem relativ frühzeitigen Umbruch vom verwilderten zum mäandrierenden Fluß. Dieser Umbruch könnte im südlich an das Mündungsgebiet anschließenden Salzderheldener Becken bereits in der Jüngeren Tundrenzeit stattgefunden haben, denn zu dieser Zeit sind nach den Befunden von BRUNOTTE & SICKENBERG (1977: 22f) im zentralen Bereich dieses stark subrosiv abgesenkten Beckens mindestens 3 m mächtige, feinkörnige Sedimente abgelagert worden.

Außerhalb der Subrosionsgebiete, im gesamten übrigen Ilme-Unterlauf, hat der Umbruch erst sehr viel später stattgefunden, denn bis zur Ablagerung des älteren Auenlehms, die im Frühmittelalter begann, war nur eine sehr geringmächtige und unzusammenhängende Bedeckung der Schotter mit feinkörnigen Sedimenten vorhanden, die nach den Untersuchungen an der Solling-NE-Abdachung die Voraussetzung für einen mäandrierenden Flußlauf sind (vgl. auch LEOPOLD, WOLMAN & MILLER 1964).

An der Solling-NE-Abdachung kam es durch den Klimawechsel vor allem in den oberen Abschnitten der Täler zu einer Einschneidung in die lößhaltigen Deckschichten, die die Talsohlen überzogen. Die Gründe für diese Einschneidung sind zum einen das Aussetzen der solifluidalen Prozesse und der Lößaufwehung, durch die möglicherweise vorher entstandene Rinnen wieder verfüllt werden konnten, zum anderen die Ausbildung und der Anstieg eines Grundwasserspiegels und eine damit zusammenhängende talaufwärtige Verlagerung von Quellen und Quellzonen im Talgrund.

Die Bäche müssen anfangs wie die rezenten Kerben in den obersten Abschnitten der Täler einen geraden oder mäandrierenden Lauf gehabt haben. Die Deckschichten sind leicht erodierbar und werden schnell in voller Mächtigkeit unter Bildung einer steilwandigen Kerbe durchschnitten. Danach erschweren die unterlagernden Schotter und der anstehende Buntsandstein die weitere Tiefenerosion und begünstigen damit die Seitenerosion und die Verbreiterung der Talsohlen. Auf den nun schotterbedeckten Talsohlen ist – wie die rezenten Talsohlen zeigen – der Abfluß verwildert.

Damit hat ein Umbruch stattgefunden vom geraden oder mäandrierenden zum verwilderten Abfluß. Diese Prozesse laufen auch rezent noch ab, so daß der Umbruch noch nicht beendet ist.

Erst im Zuge der frühmittelalterlichen Rodungsperiode und der damit einhergehenden Bodenerosion auf Ackerflächen kam es im größten Teil des Ilme-Unterlaufes zur intensiven, flächenhaften Akkumulation feinkörniger Talbodensedimente und in deren Folge zur Ausbildung eines mäandrierenden Flusses. Dieser ältere Auenlehm hat keine Entsprechung in den Talsohlen der Solling-NE-Abdachung, sondern findet seine talaufwärtige Grenze im Grenzbereich zwischen Wald und Ackerland, die damit auch zur Grenze zwischen verwilderten und mäandrierenden Talabschnitten wird.

Durch die Rodungen nahmen im Unterlauf Hochwasserintensität und -häufigkeit zuerst zu, um dann mit dem Aufwachsen der Talauen und der damit verbundenen Vergrößerung der Flußbetten wieder abzunehmen, bis schließlich nur noch sehr selten Hochwässer die Talaue überfluteten.

Die wesentlich von den Hochwässern abhängende Intensität der Auenlehmbildung ließ ebenfalls nach und war bereits im 14. Jh. so schwach, daß ein allochthoner brauner Auenboden entstehen konnte. Bei einem anzunehmenden mehr oder weniger gleichbleibenden Sedimenteintrag in die Ilme muß mit der nachlassenden Sedimentation der Sedimentaustrag stark angestiegen sein. Aktuelle Messungen des Sedimentaustrags lassen sich daher nicht auf die historische Zeit extrapolieren.

Nach dem Ende der flächenhaften Auenlehmbildung wurde durch die Verlagerung der Mäander an vielen Stellen der ältere Auenlehm wieder ausgeräumt und durch jüngeren Auenlehm ersetzt. Nur an wenigen Stellen wurde älterer Auenlehm in geringer Mächtigkeit uferwallförmig von jüngerem Auenlehm überlagert.

Im Mündungsgebiet der Ilme ist dagegen flächenhaft eine mächtige Decke aus jüngerem Auenlehm ausgebildet, die eine Zunahme der Hochwasserhäufigkeit und -intensität in diesem Gebiet anzeigt. Sie ist im wesentlichen auf die zunehmende Regulierung und Kanalisierung der Ilme und der Leine zurückzuführen, durch die es zu einer schnelleren Entwässerung der oberen und mittleren Abschnitte der Flüsse und im Zusammenhang mit dem talabwärts der Ilmemündung gelegenen engen Leinedurchbruch durch den Ahlshauser Buntsandsteinsattel zu häufigen und hohen Hochwässern kommen konnte. Der Prozeß der flächenhaften Auenlehmbildung ist im Mündungsgebiet durch diesen zweiten anthropogenen Eingriff nicht nur nicht aufgehalten, sondern sogar beschleunigt worden. Auch aktuell wird im Mündungsgebiet in großem Umfang jüngerer Auenlehm abgelagert.

Die seit dem 17. Jh. verstärkte Nutzung und Lichtung der Sollingwälder wird ebenfalls einen Anteil an der Zunahme der Hochwasserhäufigkeit und – intensität haben. Bis zu dieser Zeit waren in den Tälern der Solling-NE-Abdachung keine großen Veränderungen der fluvialen Morphodynamik aufgetreten. Immer noch schnitten sich die Bäche in den oberen Talabschnitten mäandrierend in die lößhaltigen Deckschichten der Talsohlen ein, und sie zeigten vor allem im Mittel- und Unterlauf immer noch einen verwilderten Abfluß. Seit dem 17. Jh. aber wurde durch die Wiesenbewässerungsanlagen und die gleichzeitig zunehmende Abspülung unter Wald, auf Kahlschlägen und auf Wegen die Ablagerung eines feinkörnigen Sediments auf den Talsohlen gefördert. Erst mit der Ablagerung dieses Wiesensediments kam es zu einem Umbruch vom verwilderten zum mäandrierenden Abfluß. Die sehr gleichmäßige Mächtigkeit des Wiesensediments ist wie die des älteren Auenlehms von der Höhe der Hochwässer abhängig. Eine beginnende A-Horizont-Bildung zeigt an, daß die Sedimentation nachgelassen hat, was entsprechend den Verhältnissen im unteren Ilmetal mit einem Aufwachsen der Talsohlen und einer damit verbundenen Vergrößerung der Flußbetten erklärt werden kann.

Seit der Aufgabe der Anlagen seit den 50er Jahren dieses Jahrhunderts besteht ein Trend zur Abtragung des Wiesensediments.

Auf den durchgehend bewaldeten Talsohlen hat ein Umbruch vom verwilderten zum mäandrierenden Abfluß – abgesehen von seltenen Akkumulationszonen geringer Ausdehnung – nicht stattgefunden.

V. ZUSAMMENFASSUNG

Die Beschaffenheit und die stratigraphische Einordnung der holozänen Sedimente und insbesondere der Auenlehme in den Talauen der großen Flüsse des südniedersächsischen Berglandes (Leine, Weser) sind wiederholt Gegenstand von Untersuchungen gewesen, die aber auf Teilbereiche der Hauptflüsse selbst begrenzt blieben. Über die Talauen der Nebentäler und ihre Sedimente ist dagegen nur sehr wenig bekannt.

In der vorliegenden, im Rahmen des DFG-Schwerpunktprogrammes „Fluviale Geomorphodynamik im jüngeren Quartär" geförderten Untersuchung sollten daher die Sedimente im Tal der Ilme, einem linken Nebenfluß der Leine, und den Tälern der Nordostabdachung des Sollings mit Hilfe von Bohrungen erfaßt werden, um über ihre Beschaffenheit, Menge und Verteilung Hinweise auf die fluviale Morphodynamik bzw. ihre zeitlichen und räumlichen Veränderungen zu erhalten.

Direkt auf den pleistozänen, z.T. im Holozän verlagerten Schottern wurde eine humose, schluffig-sandige Basisschicht gefunden, die im subrosiv abgesenkten Ilme-Mündungsgebiet flächenhaft Mächtigkeiten von über 2 m erreicht, im übrigen Unterlauf jedoch nur durchschnittlich 20 cm mächtig ist und zudem häufig von Schotterinseln durchbrochen wird.

Diese Basisschicht wird randlich von Kolluvien und Schwemmfächern überlagert, die bereits zur Zeit der linienbandkeramischen Besiedlung im älteren Neolithikum als Auswirkung einer Bodenerosion auf Ackerflächen entstanden. Die flächenhafte Überdeckung der Basisschicht erfolgte erst viel später durch den von der frühmittelalterlichen Rodungsperiode bis ins 14. Jh. abgelagerten älteren Auenlehm, der mit 67 % den größten Anteil an der Gesamtmenge der holozänen fluvialen Sedimente des Ilmetales hat (humose Basisschicht = 18 %; jüngerer Auenlehm = 15 %). Der seit der Neuzeit im Mündungsgebiet noch flächenhaft, sonst jedoch im wesentlichen nur noch in Rinnen abgelagerte jüngere Auenlehm ist im Gegensatz zum älteren Auenlehm kalkhaltig, was auf ein Übergreifen der Bodenerosion auf die kalkhaltigen C-Horizonte der Lößböden hinweist.

Die humose Basisschicht und die Auenlehme finden ihre distale Begrenzung am Rand des Sollings. Talaufwärts an der Ilme und in den Tälern der durchgehend bewaldeten Solling-NE-Abdachung wurden feinkörnige Sedimente erst seit dem 17. Jh. abgesetzt.

Die Klimaänderung am Beginn des Holozäns und die dadurch nachlassende Hochwasserhäufigkeit und -intensität bewirkte im Unterlauf der Ilme die Ablagerung der humosen Basisschicht. In Verbindung mit einer subrosiven Absenkung des Mündungsgebietes führte sie bereits im Früh- oder Mittelholozän zu einem Umbruch vom verwilderten zum mäandrierenden Fluß. Im übrigen Lauf war ihre Menge aber so gering, daß bis zum Frühmittelalter kein Umbruch erfolgte. Gleichzeitig führte die Klimaänderung zu einer linearen Erosion in den oberen Abschnitten der Täler. Dadurch schnitten sich Kerben in die stark lößhaltigen Deckschichten der Talsohlen ein, die zunächst einen mäandrierenden Verlauf hatten. Erst durch die Freilegung der Schotter im Liegenden der Deckschichten und die Verbreiterung der Kerben kam es in diesen Bereichen zu einem verwilderten Abfluß, der sich auf bewaldeten Talsohlen bis heute erhalten hat.

Mit der flächenhaften Ablagerung des älteren Auenlehms wurde schließlich im gesamten unteren Ilmetal aus dem bis dahin verwilderten ein mäandrierender Flußlauf. Die Intensität der Auenlehmablagerung ließ mit dem Aufwachsen der Talsohle und der damit verbundenen Vergrößerung des Flußbettes immer mehr nach, da immer größere Hochwässer randvoll abgeführt werden konnten und so die Häufigkeit flächenhafter Überschwemmungen sank. Bereits zu Beginn der Neuzeit war die Aufhöhung der Talsohle durch die Auenlehmablagerungen fast im gesamten Unterlauf der Ilme beendet.

Dagegen wurde im Mündungsgebiet weiter und mit zunehmender Intensität Auenlehm abgelagert. Im Zusammenhang mit einem Staueffekt durch den talabwärts der Ilmemündung gelegenen engen Leinedurchbruch durch den Ahlshausener Buntsandsteinsattel kam es in diesem Bereich durch die an der Leine und an der Ilme durchgeführten Begradigungen und

Kanalisierungen zu häufigeren und höheren Hochwässern. Auch heute wird in diesem Bereich noch flächenhaft Auenlehm abgelagert.

In den Tälern der Solling-NE-Abdachung wurde durch die im 17. Jh. eingeführte Wiesenbewässerung und den gleichzeitig ansteigenden Sedimenteintrag in die Tiefenlinien infolge der zunehmenden Nutzung und Lichtung der Wälder die Ablagerung eines feinkörnigen Sediments gefördert.

Dieses Sediment ist in seiner Verbreitung auf die als Grünland genutzten Talabschnitte beschränkt und hat dort zu einem mäandrierenden Bachlauf geführt.

Sowohl im Ilmetal als auch in den Tälern der Solling-NE-Abdachung ist es im Holozän mehrfach zu starken Veränderungen der fluvialen Morphodynamik gekommen. Die Untersuchung zeigt, welche Rolle die klimatisch bedingten Veränderungen und die anthropogenen Einflüsse dabei spielen und wie unterschiedlich ihre Auswirkungen im Verlauf der Zeit und in Abhängigkeit von den räumlichen Bedingungen sein können.

V. SUMMARY

The Holocene sediments, especially the meadow loams in the greater floodplains of the uplands of Lower Saxony have been investigated several times. But as those investigations have been restricted to the floodplains of the main streams, only little is known about the sediments in the floodplains of the tributaries.

Therefore this study deals with the sediments in the floodplain of the Ilme river, a left tributary of the river Leine, and with the sediments in the floodplains of the riverlets on the northeastern slope of the Solling mountains. The study was promoted by the "Deutsche Forschungsgemeinschaft" and supervised by Prof. Dr. J. Hagedorn (Göttingen). Shallow corings were used to study the appearance, quantity and distribution of the sediments, giving evidence of the fluvial morphodynamics and its local and temporal changes.

Above the Pleistocene gravel, which was partly dislocated in Holocene, there is a humous, silty-sandy layer (= humose Basisschicht, Humous Basal Layer). In the subrosively lowered area of the mouth this Humous Basal Layer is more than 2 m thick, but in the upstream course it has only an average thickness of 20 cm. Moreover, it is frequently missing there. At its sides the Humous Basal Layer is overlain by colluviums and alluvial fans, which were formed in the older Neolithic time during the colonization of the "Linienbandkeramiker" as a result of the woodland clearings and soil erosion on the arable land.

In the whole floodplain the covering of the Humous Basal Layer began much later, starting with the sedimentation of the "Älterer Auenlehm" (Older Meadow Loam) in the early Middle Ages.

Two Meadow Loams could be found. The non-calciferous Older Meadow Loam was accumulated from the early Middle Ages till the 14th century. This Older Meadow Loam has — compared to the other fluvial Holocene sediments — the highest quantity in the Ilme floodplain (Humous Basal Layer = 18%, Older Meadow Loam = 67%, Younger Meadow Loam = 15%).

The calciferous "Jüngerer Auenlehm" (Younger Meadow Loam) was accumulated since the 15th century, mainly in old branches and on levees. Only in the area of the mouth the Older Meadow Loam is everywhere covered by Younger Meadow Loam. The lime content shows that a part of the calciferous C-horizon of the loess soils is eroded.

The Humous Basal Layer and the Meadow Loams find their distal border of occurence at the edge of the wooded Solling hills. Upstream this point in the floodplains of the Ilme river and its distal tributaries there were fine-grained sediments accumulated not earlier than the 17th century.

The changing of the climate at the beginning of the Holocene and the decreasing frequency and intensity of floodings caused the accumulation of the Humous Basal Layer in the downstream regions of the Ilme floodplain. In the area of the mouth this change of climate lead along with a subrosive lowering to a change in character from a braided to a meandering river. In the upstream course the quantity of accumulation was too small to change the character of the river. At the same time the change of climate caused linear erosion in the upper regions of the valleys. Cuts developed in the loess-containing upper layers of the floodplains. At first the cuts had a meandering course. Only when the underlying gravel was uncovered and the cuts were widened the discharge became braided as it is still today on wooded floodplains.

Along with the accumulation of the Older Meadow Loam all over the floodplain the braided discharge in the whole Ilme valley changed to a meandering one. The sedimentation rate of the Older Meadow Loam decreased continuously as a result of the increasing capacity of the river bed caused by the vertical accretion of the floodplain. In the beginning of the 16th century the accretion of the floodplain had already come to an end in most parts of the river course.

But in the area of the mouth the sedimentation rate increased, caused by increasing clearing and canalization of Ilme and Leine in modern times leading to more frequent and higher floodings. Besides the discharge is delayed by the narrowness of the valley caused by the sandstone upfold of Ahlshausen. Younger Meadow Loam is still accumulating in the area of the mouth on the whole floodplain.

In the floodplains of the valleys on the northeastern slope of the Solling mountains a fine-grained "Wiesensediment" accumulated since the 17th century. Since that time the exploitation and clearing of the forests increased intensively causing soil erosion, and the floodplains were used as pasture land which was irrigated. Both the increasing soil erosion and the use as pasture land made the development of the "Wiesensediment" possible. The accumulation of this sediment has led to a meandering discharge.

It has been proved that there have been several strong changes in the fluvial morphodynamics in the floodplain of the Ilme river and in the valleys on the northeastern slope of the Solling mountains during Holocene. The study shows the influence of changes in space, climate and human impact on the fluvial morphodynamics and its consequences in the course of time.

LITERATURVERZEICHNIS

Amtsblatt der Wetterämter Frankfurt/M., Freiburg i. B., München, Nürnberg, Stuttgart und Trier. – Jahrgang 1987, Nr. 1 und 2; Offenbach (Deutscher Wetterdienst).

Amtsblatt des Seewetteramtes und der Wetterämter Bremen, Essen, Hannover und Schleswig. – Jahrgang 1986, Nr. 248 und 249; Hamburg (Deutscher Wetterdienst).

BARSCH, H. u.a. (1968): Arbeitsmethoden in der physischen Geographie. – Berlin (Volk und Wissen).

BARTELS, G. & B. MEYER (1972): Spät- und postglaziale Erosion und Akkumulation im Luttertal bei Göttingen. – Göttinger bodenkdl. Ber., **21**: 159–188.

BECKER, B. (1983): Postglaziale Auwaldentwicklung im mittleren und oberen Maintal anhand dendrochronologischer Untersuchungen subfossiler Baumstammablagerungen. — Geol. Jb., **A 71**: 45—59.

BENECKE, P. (1982): Modellierung des Wasserhaushaltes von Ökosystemen. — Beitr. Hydrol., **SH 4**: 235—266.

—,— (1984): Der Wasserumsatz eines Buchen- und eines Fichtenwaldökosystems im Hochsolling. — Schr. forstl. Fak. Univ. Göttingen, **77**.

BLOSS, O. (1977): Die älteren Glashütten in Südniedersachsen. — Hildesheim (Lax).

BOIGK, H. (1956): Vorläufige Mitteilung über eine neue Gliederung des Mittleren Buntsandsteins im Raume Südhannover. — Geol. Jb., **72**: 325—340.

—,— (1959): Zur Gliederung und Fazies des Buntsandsteins zwischen Harz und Emsland. — Geol. Jb., **76**: 597—636.

BORK, H. R. (1981): Die holozäne Relief- und Bodenentwicklung im unteren Rhume- und Sösetal. — Göttinger Jb., **29**: 7—22.

—,— (1983a): Die holozäne Relief- und Bodenentwicklung in Lößgebieten — Beispiele aus dem südlichen Niedersachsen. — Catena, Suppl., **3**: 1—93.

—,— (1983b): Die quantitative Untersuchung des Oberflächenabflusses und der Bodenerosion. Eine Diskussion der an der Abteilung für physische Geographie und Landschaftsökologie der TU Braunschweig entwickelten Meßverfahren und Meßeinrichtungen. — Geomethodica, **8**: 117—147.

—,— (1985): Mittelalterliche und neuzeitliche lineare Bodenerosion in Südniedersachsen. — Hercynia 1985, **22**(3): 259—279.

—,— & H. ROHDENBURG (1979): Beispiele für jungholozäne Bodenerosion und Bodenbildung im Untereichsfeld und Randgebieten. — Landschaftsgenese und Landschaftsökologie, **3**: 115—135.

BORN, M. (1974): Die Entwicklung der deutschen Agrarlandschaft. — Darmstadt.

BORTZ, J. (1979): Lehrbuch der Statistik. Für Sozialwissenschaftler. — Berlin, Heidelberg, New York (Springer).

BRECHTEL, H. M. (1970): Wald und Retention. Einfache Methoden zur Bestimmung der lokalen Bedeutung des Waldes für die Hochwasserdämpfung. — Dt. gewässerkdl. Mitt., **14**: 91—103.

—,— & J. v. HOYNINGEN-HUENE (1979): Einfluß der Verdunstung verschiedener Vegetationsdekken auf den Grundwasserhaushalt. — Schriftenr. dt. Verb. Wasserwirtsch. Kulturbau, **40**: 172—223.

BRINCKMEIER,G. (1934): Überschiebungstektonik am Homburgwald — Vogler. — Jb. preuß. geol. L.-Anst., **54**: 585—601.

BRUNOTTE, E. (1978): Zur quartären Formung von Schichtkämmen und Fußflächen im Bereich des Markoldendorfer Beckens und seiner Umrahmung (Leine-Weser-Bergland). — Göttinger geogr. Abh., **72**.

—,— & K. GARLEFF (1979): Geomorphologische Gefügemuster des Niedersächsischen Berglandes in Abhängigkeit von Tektonik und Halokinese, Resistenzverhältnissen und Abflußsystemen. — Gefügemuster der Erdoberfläche, Festschrift zum 42. dt. Geographentag Göttingen 1979: 21—42.

—,—; GARLEFF, K. & H. JORDAN (1985): Die geomorphologische Übersichtskarte 1 : 50.000 zu Blatt 4325 Nörten-Hardenberg der Geol. Karte von Niedersachsen 1 : 25.000. — Z. dt. geol. Ges., **136**: 277—285; Hannover.

—,— & O. SICKENBERG (1977): Die mittel- und jungquartäre Entwicklung des Leinetales zwischen Northeim und Salzderhelden unter besonderer Berücksichtigung der Subrosion. — Geol. Jb., **A 44**: 3—43.

BRÜGGEN, H. (1974): Untersuchungen zur quartären Talgeschichte des unteren Ilme-Laufes. — Examensarbeit für das Lehramt an Gymnasien, unveröff.

BUSCH, R. (1969): Mittelalterliche Befunde und Funde von der vorgeschichtlichen Siedlungsgrabung an der Walkemühle in Göttingen. — Göttinger Jb., **17**: 39—55.

—,— & H. WILDHAGEN (1971): Kleinere ur- und frühgeschichtliche Funde aus der Göttinger Gegend. — Göttinger Jb., **19**: 21—28.

BUTZER, K. W. (1976): Geomorphology from the earth. — New York u.a. (Harper & Row).

CLAUS, M. (1970): Zur jüngeren Bronzezeit und frühen Eisenzeit in Südniedersachsen. — In: Römisch-Germanisches Zentralmuseum Mainz (Hrsg.): Führer zu vor- und frühgeschichtlichen Denkmälern, **16**: Göttingen und das Göttinger Becken; Mainz (von Zabern).

DELFS, J. (1954): Niederschlagszurückhaltung im Walde (Interception). — Mitt. Arb. Kreis „Wald und Wasser", **2**.

—,—; FRIEDRICH, W.; KIESEKAMP, H. & A. WAGENHOFF (1958): Der Einfluß des Waldes und des Kahlschlages auf den Abflußvorgang, den Wasserhaushalt und den Bodenabtrag. — Aus dem Walde, **3**.

DELORME, A. & H.-H. LEUSCHNER (1983): Dendrochronologische Befunde zur jüngeren Flußgeschichte von Main, Fulda, Lahn und Oker. — Eiszeitalter und Gegenwart, **33**: 45—57; Hannover.

DENECKE, D. (1969): Methodische Untersuchungen zur historisch-geographischen Wegeforschung im Raum zwischen Solling und Harz. — Göttinger geogr. Abh., **54**.

—,— (1970): Die naturräumliche Gliederung des südlichen Niedersachsen. — In: Römisch-Germanisches Zentralmuseum Mainz (Hrsg.): Führer zu vor- und frühgeschichtlichen Denkmälern, **16**: Göttingen und das Göttinger Becken; Mainz (von Zabern).

—,— (1976a): Ländliche Siedlungen. — In: KÜHLHORN, E. (Hrsg.): Historisch-Landeskundliche Exkursionskarte von Niedersachsen, Maßstab 1 : 50.000, Blatt Moringen am Solling, Erläuterungsheft: 32—42; Hildesheim (Lax).

—,— (1976b): Wirtschaftsanlagen. — In: KÜHLHORN, E. (Hrsg.): Historisch-Landeskundliche Exkursionskarte von Niedersachsen, Maßstab 1 : 50.000, Blatt Moringen am Solling, Erläuterungsheft: 207—218; Hildesheim (Lax).

DIENEMANN, W.; GROSSE, B. & W. HENDRICKS (1970): Beiträge zur Geologie des Landkreises Einbeck. — Stud. Einbecker Gesch., **4**.

DIETZ, C. (1928): Der Gebirgsbau des Leinetales in der Gegend von Salzderhelden. — Jb. preuß. geol. Landesanst., **49**(1): 81—101.

DÖRHÖFER, G. (1984): Grundzüge der Hydrogeologie des Sollings, Südniedersachsen. — Geol. Jb., **A 75**: 635—662; Hannover.

EAQUB, M. & H.-P. BLUME (1976): Soil development on sandstone solifluction deposits with varying contents of loess materials. — Catena, **3**: 17—27.

ELLENBERG, H. (1963): Vegetation Mitteleuropas mit den Alpen in kausaler, dynamischer und historischer Sicht. — Stuttgart.

—,— (1974): Zeigerwerte der Gefäßpflanzen Mitteleuropas. — Scripta Geobotanica, **9**.

EMBLETON, C. & J. THORNES (Ed.) (1979): Process in Geomorphology. — Frome, London (Butler, Tanner).

EMERSON, B. K. (1870): Die Liasmulde von Markoldendorf bei Einbeck. — Z. dt. geol. Ges., **22**: 271—334.

ENDRISS, G. (1943): Die künstliche Bewässerung im Schwarzwald und im Wallis. — Petermanns geogr. Mitt., **1943**: 220—227.

FARRENKOPF, D. (1987): Das Relief als steuernder Parameter der Abflußdynamik — ein Beitrag zur fluvialen Prozeßforschung. — Z. Geomorph., N. F., Suppl. **66**: 73—82.

FEISE, W. (1925): Zur Geschichte der Glasindustrie im Solling. — Sprechsaal, **58**: 324—328 und 339—342; Coburg.

FIRBAS, F. (1949): Spät- und nacheiszeitliche Waldgeschichte Mitteleuropas nördlich der Alpen. 1: Allgemeine Waldgeschichte. — Jena (Fischer).

—,— (1952): Spät- und nacheiszeitliche Waldgeschichte Mitteleuropas nördlich der Alpen. 2: Waldgeschichte der einzelnen Landschaften. — Jena (Fischer).

FLOHN, H. (1949/50): Klimaschwankungen im Mittelalter und ihre historisch-geographische Bedeutung. — Ber. dt. Landeskde., **7**: 347—357.

GARLEFF, K. (1985): Erläuterungen zur Geomorphologischen Karte 1 : 100.000 der Bundesrepublik Deutschland. GMK 100 Blatt 5 C 4722 Kassel. — Berlin.

GESCHWENDT, F. (1954): Die ur- und frühgeschichtlichen Funde des Kreises Einbeck. — Hildesheim (Lax).

GEYH, M. A. (1980): Einführung in die Methoden der physikalischen und chemischen Altersbestimmung. — Darmstadt.

GÖBEL, P. (1977): Vorläufige Ergebnisse der Messung gravitativer Bodenbewegungen auf bewaldeten Hängen im Taunus. — Catena, **3**: 387—398.

GRADMANN, R. (1932): Unsere Flußtäler im Urzustand. — Z. Ges. Erdkunde, **112**: 1—17.

GRAHNER, W. (1977): Untersuchung der Beziehungen zwischen charakteristischen Eigenschaften von Einzugsgebieten und deren Hochwasserabflußverhalten. — Mitt. Lehrstuhl landwirtsch. Wasserbau Kulturtechn., **1**: 1—111; Bonn.

GREGORY, K. J. & D. E. WALLING (1973): Drainage basin form and process. A geomorphological approach. — Norwich (Fletcher).
GRUPE, O. (1901): Die geologischen Verhältnisse des Elfas, des Homburgwaldes, des Voglers und ihres südlichen Vorlandes. — Diss. Univ. Göttingen.
—,— (1907/08): Geologische Karte von Preußen und benachbarten deutschen Ländern. Blatt 4222 Höxter.
—,— (1908): Präoligocäne und jungmiocäne Dislokationen und tertiäre Transgressionen im Solling und seinem nördlichen Vorlande. — Jb. kgl. preuß. geol. Landesanst. Bergakademie, **29**(1): 612—644.
—,— (1909): Die Brücher des Sollings, ihre geologische Beschaffenheit und Entstehung. — Z. Forst- und Jagdwesen, **91**: 3—14.
—,— (1921): Zur Enstehung des Göttinger Leinetalgrabens. — Jb. preuß. geol. L.-Anst., **42**: 595—620.
GUSMANN, W. (1928): Wald- und Siedlungsfläche Südhannovers und angrenzender Gebiete etwa im 5. Jh. n. Chr. — Quellen Darstellg. Gesch. Niedersachsens, **36**; Hildesheim, Leipzig.
HAGEDORN, J.; BRUNOTTE, E. & E. SCHRÖDER (1972): Kuppenrelief und Felsformen im Buntsandstein des Reinhäuser Waldes (südöstlich Göttingen). — Göttinger geogr. Abh., **60** (Hans Poser Festschrift): 203—219.
—,— & F. LEHMEIER (1983): Zur Konzeption der Geomorphologischen Karte 1 : 25.000 (GMK 25) aufgrund von Kartierungserfahrungen im Niedersächsischen Bergland. — Forsch. dt. Landeskde., **220**: 63—81; Trier.
HAMM, F. (1950): Zeitangaben zur Naturgeschichte und zum Eingriff des Menschen in die Natur Niedersachsens seit Beginn der letzten Vereisung. — Neues Arch. Niedersachsen, **18**: 500—537.
—,— (1976): Naturkundliche Chronik Nordwestdeutschlands. — Hannover (Landbuch).
HÄNDEL, D. (1967): Das Holozän in den nordwestsächsischen Talauen.-Hercynia, **4**: 152—198.
HARD, G. (1968): Grabenreißen im Vogesensandstein. Rezente und fossile Formen der Bodenerosion im mittelsaarländischen Waldland.-Ber. dt. Landeskde., **40**(1): 81—91.
HEDEMANN, H. A. (1957): Die Gewölbestrukturen des Sollings und ihre Entstehung. — Geol. Jb., **72**: 529—638.
HEIMBACH, W. (1960): Kartierbericht Mtb. Lauenberg 4224. — Archiv nds. L.-Amt. Bodenforsch. Hannover.
HEMPEL, LENA (1957): Das morphologische Landschaftsbild des Unter-Eichsfeldes unter besonderer Berücksichtigung der Bodenerosion und ihrer Kleinformen. — Forsch. dt. Landeskde., **98**.
HEMPEL, LUDWIG (1956a): Die Bedeutung der Streudecke für die Bodenabspülung auf Sandsteinböden unter Wald. — Z. Pflanzenernährung, Düngung, Bodenkde., **74**(119), H. 2; Weinheim, Berlin.
—,— (1956b): Über Alter und Herkunftsgebiete von Auelehmen im Leinetal. — Eiszeitalter und Gegenwart, **7**: 35—41.
—,— (1958): Studien in norddeutschen Buntsandsteinlandschaften. — Forsch. dt. Landeskde., **122**.
HERRMANN, A. u.a. (1968): Geologische Karte von Niedersachsen. Erläuterungen zu Blatt Hardegsen Nr. 4324.
—,— (1974): Erläuterungen zu Blatt Sievershausen Nr. 4223. — Hannover.
—,—; HINZE, C.; HOFRICHTER, E. & V. STEIN (1968): Salzbewegungen und Deckgebirge am Nordostrand der Sollingscholle (Ahlsburg). — Geol. Jb., **85**: 147—164.
—,—; HINZE, C. & V. STEIN (1967): Die halotektonische Deutung der Elfas-Überschiebung im südniedersächsischen Bergland.-Geol. Jb., **84**: 407—462.
—,— & E. HOFRICHTER (1963a): Die Faziesgliederung der tieferen Solling-Folge des Mittleren Buntsandsteins Südniedersachsens. — Geol. Jb., **80**: 653—740.
—,— (1963b): Die Hardegsen-Folge (Abfolgen 1—4) des Mittleren Buntsandsteins in der nördlichen Hessischen Senke. — Geol. Jb., **80**: 561—652.
HERRMANN, R. (1977): Einführung in die Hydrologie. — Stuttgart (Teubner).
HESMER, H. (1949): Niederwald und Wasserwirtschaft. Schädliche Folgen einer alten Waldverwüstungsform. — Grünes Blatt 2, **5**: 2—9; Rheinhausen.
HILLEBRECHT, M.-L. (1982): Die Relikte der Holzkohlewirtschaft als Indikatoren für Waldnutzung und Waldentwicklung. Untersuchungen an Beispielen aus Südniedersachsen. — Göttinger. geogr. Abh., **79**.

HÖCKMANN, O. (1970): Die Steinzeit im südlichen Niedersachsen. – In: Römisch-Germanisches Zentralmuseum Mainz (Hrsg.): Führer zu vor- und frühgeschichtlichen Denkmälern, 16: Göttingen und das Göttinger Becken; Mainz (von Zabern).

HOFRICHTER, E. u.a. (1976): Erläuterungen zu Blatt Lauenberg Nr. 4224. – Hannover.

HORN, M. & A. SEMMEL (1985): Zur Genese vermoorter Hohlformen in Nord-Waldeck. – Geol. Jb. Hessen, 113: 83–96.

HÖVERMANN, J. (1953): Studien über die Genesis der Formen im Talgrund südhannoverscher Flüsse. – Nachr. Akad. Wiss. Göttingen, math.-phys. Kl.: 1–44.

HRISSANTHOU, V. (1987): Simulationsmodelle zur Berechnung der täglichen Feststofflieferung eines Einzugsgebietes. – Inst. Hydrol. Wasserwirtsch. Univ. Karlsruhe, 31; Karlsruhe.

HUCKRIEDE, R. (1971): Über jungholozäne, vorgeschichtliche Löß-Umlagerung in Hessen. – Eiszeitalter und Gegenwart, 22: 5–16.

JARITZ, W. (1973): Zur Entstehung der Salzstrukturen Nordwestdeutschlands. – Geol. Jb., **A 10**.

JOCKENHÖVEL, A. (1986): Neolithische Auenlehmbildungen im Untermaingebiet – Ergebnisse einer Ausgrabung im Mainaltlauf Riedwiesen zwischen Frankfurt am Main – Schwanheim und Kelsterbach, Kr. Groß-Gerau. – Geol. Jb. Hessen, 114: 115–124.

JORDAN, H. et al. (1986): Halotektonik am Leinetalgraben nördlich Göttingen. – Geol. Jb., **A 92**.

KAHRSTEDT, U. (1957): Kloster Hethis. – Nds. Jb. Landesgesch., 29: 196–205.

–,– (1961): Lag Kloster Hethis im Hochsolling? – Northeimer Heimatblätter, 1: 24–26.

KEYSER, E. (Hrsg.) (1952): Niedersächsisches Städtebuch. – Stuttgart (Kohlhammer).

KLINGNER, F. E. (1930): Tektonische Untersuchungen im Leinetal-Grabengebiet nördlich der Ahlsburgachse. – Abh. preuß. geol. Landesanst., N. F., 116: 1–37.

KOENEN, A. von (1900): Erläuterungen zur geologischen Specialkarte von Preussen und den Thüringischen Staaten. Blatt Dransfeld. – Berlin.

KÖSTER, E. & H. LESER (1967): Praktische Arbeitsweisen. Geomorphologie I. – Das geographische Seminar; Braunschweig (Westermann).

KREYSZIG, E. (1977): Statistische Methoden und ihre Anwendungen. – Göttingen (Vandenhoeck und Ruprecht).

KÜHLHORN, E. (1976): Die mittelalterlichen Siedlungen. – In: KÜHLHORN, E. (Hrsg.): Historisch-Landeskundliche Exkursionskarte von Niedersachsen, Maßstab 1 : 50.000, Blatt Moringen am Solling, Erläuterungsheft: 42–61; Hildesheim (Lax).

LEHMEIER, F. (1981): Regionale Geomorphologie des nördlichen Ith-Hils-Berglandes auf der Basis einer großmaßstäbigen geomorphologischen Kartierung. – Göttinger geogr. Abh., 77.

LEHNHARDT, F. (1985): Einfluß morpho-pedologischer Eigenschaften auf Infiltration und Abflußverhalten von Waldstandorten. – Schriftenr. dt. Verb. Wasserwirtsch. Kulturbau, 71: 231–260.

LEOPOLD, L.; WOLMAN, G. & J. MILLER (1964): Fluvial Processes in Geomorphology. – New York.

LEPPER, J. (1979): Zur Struktur des Solling-Gewölbes. – Geol. Jb., **A 51**: 57–77.

LESER, H. (1968): Praktische Arbeitsweisen. Geomorphologie II. – Das geographische Seminar; Braunschweig (Westermann).

–,– & G. STÄBLEIN (Hrsg.) (1975): Geomorphologische Kartierung. Richtlinien zur Herstellung geomorphologischer Karten 1 : 25.000. – Berliner geogr. Abh., Sonderh., 2. Aufl.

LIEBSCHER, H.-J. (1975): 20 Jahre Wasserhaushaltsuntersuchungen im Oberharz. – Besondere Mitt. dt. gewässerkdl. Jb., **39**.

–,– (1982): Abflußverhalten von bewaldeten Einzugsgebieten und dessen modellmäßige Beschreibung. – Beitr. Hydrol., **SH 4**: 301–317.

LINSTOW, O. von (1928a): Erläuterungen zur Geologischen Karte von Preußen und benachbarten deutschen Ländern. Blatt Hann. Münden. – Berlin.

–,– (1928b): Erläuterungen zur Geologischen Karte von Preußen und benachbarten deutschen Ländern. Blatt Ödelsheim. – Berlin.

LIPPS, S. (1988): Fluviatile Dynamik im Mittelwesertal während des Spätglazials und Holozäns. – Eiszeitalter und Gegenwart, 38: 78–86.

LOUIS, H. (1968): Allgemeine Geomorphologie. – Lehrbuch der allgemeinen Geographie, 1.

LÜTTIG, G. (1960): Zur Gliederung des Auelehms im Flußgebiet der Weser. – Eiszeitalter und Gegenwart, 11: 39–50.

MAIER, R. (1976): Ur- und Frühgeschichte. – In: KÜHLHORN, E. (Hrsg.): Historisch-Landeskundliche Exkursionskarte von Niedersachsen, Maßstab 1 : 50.000, Blatt Moringen am Solling, Erläuterungsheft: 6–16; Hildesheim (Lax).

MANGELSDORF, J. & K. SCHEURMANN (1980): Flußmorphologie. Ein Leitfaden für Naturwissenschaftler und Ingenieure. – München, Wien (Oldenbourg).

MARTINI, H. J. (1955): Salzsättel und Deckgebirge. – Z. dt. geol. Ges., **105**: 823–836.

–,– u. a. (1957): Exkursion in den Leinetalgraben zwischen Göttingen und Echte. – Z. dt. geol. Ges., **109**: 286–288.

MENSCHING, H. (1950): Eiszeit-Schotterfluren und Talauen im Niedersächsischen Bergland. – Göttinger geogr. Abh., **4**.

–,– (1951a): Die kulturgeographische Bedeutung der Auelehmbildung. – Deutscher Geographentag Frankfurt/M.; Tagungsber. wiss. Abh., Remagen 1952: 219–225.

–,– (1951b): Die Entstehung der Auelehmdecken in Nordwestdeutschland. – Proc. 3. int. Congr. Sediment., Groningen-Wageningen: 193–210.

MITTELHÄUSSER, K. (1952): Siedlung und Wohnung. – In: BRÜNING, K. (Hrsg.): Die Landkreise in Niedersachsen. Reihe D, **8**: Der Landkreis Northeim (Regierungsbezirk Hildesheim): 77–103; Bremen-Horn (Dorn).

–,– (1957): Siedlung und Wohnen. – In: BRÜNING, K. (Hrsg.): Die Landkreise in Niedersachsen, Reihe D, **14**: Der Landkreis Alfeld (Regerungsbezirk Hildesheim): 121–156; Bremen-Horn (Dorn).

MODDERMANN, P. J. R. (1976): Abschwemmung und neolithische Siedlungsplätze in Niederbayern. – Archäol. Korrespondenzbl., **6**: 105–108.

MORTENSEN, H. (1930): Scheinbare Wiederbelebung der Erosion. – Petermanns geogr. Mitt., **76**: 15–16.

–,– (1942): Zur Theorie der Flußerosion. – Nachr. Akad. Wiss. Göttingen, math.-phys. Kl.: 35–36.

–,– (1955): Die „quasinatürliche" Oberflächenformung als Forschungsproblem. – Wiss. Z. Ernst Moritz Arndt-Univ. Greifswald, **4**, math.-nat. R. 6/7: 625–628.

–,– (1964): Eine einfache Methode der Messung der Hangabtragung unter Wald und einige bisher damit gewonnene Ergebnisse.-Z. Geomorph., N. F., **8**(2): 212–221.

MÜLLER-WILLE, W. (1948): Zur Kulturgeographie der Göttinger Leinetalung. – Göttinger geogr. Abh., **1**: 92–102.

MURAWSKI, H. (1953): Die Entwicklungsgeschichte des jüngeren Tertiärs westlich des Leinetal-Grabens. – Geol. Jb., **67**: 495–528.

NAGEL, E. (1954): Die Fabrikation irdener Pfeifen zu Uslar. – Northeimer Heimatblätter, **1**: 23–28; Northeim.

NARR, K. J. (o.J.): Die Steinzeit. – Städtisches Museum Göttingen; Führer durch die urgeschichtliche Abteilung, 1.

NATERMANN, E. (1941): Das Sinken der Wasserstände der Weser und ihr Zusammenhang mit der Auenlehmbildung des Wesertales. – Arch. Landes- und Volkskde. Nds., **1941**(9): 288–309.

Niedersächsischer Minister für Ernährung, Landwirtschaft und Forsten (Hrsg.) (1982): Deutsches Gewässerkundliches Jahrbuch Weser- und Emsgebiet. Abflußjahr 1981. – Hannover.

NIEMEIER, G. (1972): Probleme der Siedlungskontinuität und der Siedlungsgenese in Nordwestdeutschland. – Göttinger geogr. Abh., **60**: 437–466.

NIETSCH, H. (1955): Hochwasser, Auenlehm und vorgeschichtliche Siedlung. – Erdkunde, **9**: 20–39.

NOWOTHNIG, W. (1970): Funde der Merowingerzeit aus dem südlichen Niedersachsen. – In: Römisch-Germanisches Zentralmuseum Mainz (Hrsg.): Führer zu vor- und frühgeschichtlichen Denkmälern, **16**: Göttingen und das Göttinger Becken; Mainz (von Zabern).

OELKERS, K.-H. (1970): Die Böden des Leinetales, ihre Eigenschaften, Verbreitung, Entstehung und Gliederung, ein Beispiel für die Talböden im Mittelgebirge und dessen Vorland. – Beih. geol. Jb. (Bodenkdl. Beitr.), **99**/3: 71–152.

PEINEMANN, N. & E. BRUNOTTE (1982): Nährstoffgehalte von Lößboden-Toposequenzen in Südniedersachsen und Franken unter dem Einfluß der Bodenerosion. – Catena, **9**: 307–318.

PLÜMER, E. (1961): Die Urgeschichte des Sollings. – Northeimer Heimatbl., **1**: 7–23; Northeim.

PÖRTGE, K.-H. (1979): Oberflächenabfluß und aquatischer Materialtransport in zwei kleinen Einzugsgebieten östl. Göttingen (Südniedersachsen). – Diss. math. nat. Fak. Univ. Göttingen.

—,— (1986): Der Wendebachstausee als Sedimentfalle bei dem Hochwasser im Juni 1981. — Erdkunde, **40**: 146—153.

PREUSS, J. (1983): Pleistozäne und postpleistozäne Geomorphodynamik an der nordwestlichen Randstufe des Rheinhessischen Tafellandes. — Marburger geogr. Schr., **93**.

RADDATZ, K. (1970): Die römische Kaiserzeit im südlichen Niedersachsen. — In: Römisch-Germanisches Zentralmuseum Mainz (Hrsg.): Führer zu vor- und frühgeschichtlichen Denkmälern, **16**: Göttingen und das Göttinger Becken; Mainz (von Zabern).

RAMERS, H. & V. SOKOLLEK (1981): Einfluß der Landnutzung und der natürlichen Standortverhältnisse auf den Niedrigwasserabfluß in kleinen Einzugsgebieten. — Z. Kulturtechn. Flurbereinig., **22**(2): 74—86; Berlin, Hamburg.

REDDERSEN, E. (1934): Die Veränderung des Landschaftsbildes im hannoverschen Solling und seinem Vorlande seit dem frühen 18. Jahrhundert. Ein Beitrag zur Kulturgeographie und historischen Geographie des Nordwestdeutschen Berglandes. — Oldenburg (Stalling).

REICHELT, G. (1953): Über den Stand der Auenlehmforschung in Deutschland. — Petermanns geogr. Mitt., **97**: 245—261.

RICHTER, G. (1965): Bodenerosion. Schäden und gefährdete Gebiete.-Forsch. dt. Landeskde., **152** (Text- und Kartenteil); Bad Godesberg.

—,— (1981): Bodenerosion in Mitteleuropa- Landschaften, Faktoren, Forschungsaufgaben. — Mitt. dt. bodenkdl. Ges., **30**: 195—212.

RICHTER, K. (1954): Geröllmorphologische Studien in den Mittelterrassenschottern bei Gronau an der Leine. — Eiszeitalter und Gegenwart, **4/5**: 216—220.

RIENÄCKER, I. (1985): Wasserhaushalt und Stoffumsatz in einem bewaldeten Einzugsgebiet im Mittleren Buntsandstein südöstlich Göttingen (Reinhäuser Wald) unter besonderer Berücksichtigung aktueller Witterungsabläufe. — Diss. Univ. Göttingen.

ROHDE, P. (1974): Kartierung Quartär und Tertiär TK 4224 Lauenberg. — Archiv nds. L.-Amt Bodenforsch. Hannover.

ROHDENBURG, H. (1968): Jungpleistozäne Hangformung in Mitteleuropa — Beiträge zur Kenntnis, Deutung und Bedeutung ihrer räumlichen und zeitlichen Differenzierung. — Göttinger bodenkdl. Ber., **6**: 3—107.

—,— (1968): Zur Deutung der quartären Taleintiefung in Mitteleuropa. — Die Erde, **99**: 297—304.

—,— & B. MEYER (1968): Zur Datierung und Bodengeschichte mitteleuropäischer Oberflächenböden (Schwarzerde, Parabraunerde, Kalksteinbraunlehm): Spätglazial oder Holozän? — Göttinger bodenkdl. Ber., **6**: 127—212.

—,—; MEYER, B.; WILLERDING, U. & H. JANKUHN (1962): Quartärgeomorphologische, bodenkundliche, paläobotanische und archäologische Untersuchungen an der Löß-Schwarzerde-Insel mit einer wahrscheinlich spätneolithischen Siedlung im Bereich der Göttinger Leineaue. — Göttinger Jb., **10**: 36—56.

ROSCHKE, G. (1967): Junge Abtragung durch fließendes Wasser am Nordostrande des Rheinischen Schiefergebirges. — Petermanns geogr. Mitt., **111**: 105—114.

ROTHER, N. (1984): Morphologische Untersuchungen zur holozänen Entwicklung im Einzugsgebiet des Bischhäuser Baches. — Examensarbeit für das Lehramt an Gymnasien (unveröff.).

—,— (1989): Holozäne Erosion und Akkumulation im Ilmetal, Südniedersachsen. — Bayreuther geowiss. Arb., **14**: 87—94.

SCHEFFER, F. & P. SCHACHTSCHABEL (1970): Lehrbuch der Bodenkunde. — Stuttgart (Enke).

SCHIRMER, W. (1983a): Die Talentwicklung an Main und Regnitz seit dem Hochwürm. — Geol. Jb., **A 71**: 11—43.

—,— (1983b): Symposium Franken: Ergebnisse zur holozänen Talentwicklung und Ausblick. — Geol. Jb., **A 71**: 355—370.

SCHMID, J. (1925): Klima, Boden und Baumgestalt im beregneten Mittelgebirge. Ein Beitrag zum Wasserhaushalt und zur Oberflächengestaltung. — Neudamm (Neumann).

SCHMIDT, K.-H. (1984): Der Fluß und sein Einzugsgebiet. Hydrogeographische Forschungspraxis. — Wiss. Paperbacks Geogr.; Wiesbaden (Steiner).

SCHMIDT, M. (1894): Der Gebirgsbau des Einbeck-Markoldendorfer Beckens. — Jb. preuß. geol. L.-Anst., **15**: 19—48.

SCHMIDT, R. G. (1979): Probleme der Erfassung und Quantifizierung von Ausmaß und Prozessen der aktuellen Bodenerosion (Abspülung) auf Ackerflächen. — Physiogeographica (Basler Beitr. Physiogeogr.), **1**; Maulburg.
SCHNEEKLOTH, H. (1967): Vergleichende pollenanalytische und C 14-Datierungen an einigen Mooren im Solling. — Geol. Jb., **84**: 717—734; Hannover.
—,— (1974): Moorbildungen. — In: HERRMANN, A. u.a.: Erläuterungen zu Blatt Sievershausen Nr. 4223: 47—50; Hannover.
SCHRÖDER, E. (1987): Funde und Befunde zur Siedlung und Wirtschaft der spätmittelalterlichen Wüstung Dornhagen bei Adelebsen. — Göttinger Jb., **1987**: 95—116.
SCHULTZE, J. H. (1951/52): Über das Verhältnis von Denudation und Bodenerosion. — Die Erde, **3**: 220—232.
SCHWARZ, O. (1974): Hydrogeographische Studien zum Abflußverhalten von Mittelgebirgsflüssen am Beispiel von Bieber und Salz (Hessen). — Rhein-Main-Forsch., **76**.
—,— (1985): Direktabfluß, Versickerung und Bodenabtrag in Waldbeständen. Messungen mit einer transportablen Beregnungsanlage in Baden-Württemberg. — Schriftenr. dt. Verb. Wasserwirtsch. Kulturbau, **71**: 185—230.
SCHWARZBACH, M. (1974): Das Klima der Vorzeit. Eine Einführung in die Paläoklimatologie. — Stuttgart (Enke).
SCHWERTMANN, U. (1977): Bodenerosion. — Geol. Rdsch., **66**: 770—782; Stuttgart.
SEEDORF, H. H. (1955/56): Der Starkregen am 28. August im Gebiet zwischen Solling und Hildesheimer Wald und seine Folgen. — N. Arch. Nds., **8**(5): 350—357.
SEEDORF, H. H. (1957): Bodenabspülung bei Starkregen. — Neues Archiv Nds., **9**(14), 1: 38—49.
SEMMEL, A. (1972): Untersuchungen zur jungpleistozänen Talentwicklung in deutschen Mittelgebirgen. — Z. Geomorph., N. F., Suppl.-Bd. **14**: 105—112.
SOERGEL, W. (1921): Die Ursachen der diluvialen Aufschotterung und Erosion. — Berlin.
SICKENBERG, O. (1955/56): Abtrag und Aufschüttung in Beziehung zur Forstwirtschaft und zum Bergbau im Gebiet des Bückeberges.-Neues Arch. Nds., **8**(2): 114—136.
SOHLBACH, K. D. (1978): Computergestützte geomorphologische Analyse von Talformen. — Göttinger geogr. Abh., **71**.
STECKHAHN, H.-U. (1958): Zur pollenanalytischen Altersbestimmung eines Schädelfundes in Kiesablagerungen der Leine bei Alfeld.-N. Arch. Nds., **9**: 397—399.
—,— (1961): Pollenanalytisch-vegetationsgeschichtliche Untersuchungen zur frühen Siedlungsgeschichte im Vogelsberg, Knüll und Solling. — Flora, **150**: 514—550; Jena.
STEIN, C. (1975): Studien zur quartären Talbildung in Kalk- und Sandsteingebieten des Leine-Weser-Berglandes. — Göttinger geogr. Abh., **64**.
STILLE, H. (1922): Übersichtskarte der Saxonischen Gebirgsbildung zwischen Vogelsberg — Rhön und der Norddeutschen Tiefebene 1 : 250.000; Berlin.
STRAUTZ, W. (1963): Auelehmbildung und -gliederung im Weser- und Leinetal mit vergleichenden Zeitbestimmungen aus dem Flußgebiet der Elbe.-Beitr. Landespflege, **1**: 273—314.
STREIF, H. J. (1970): Limnogeologische Untersuchung des Seeburger Sees (Untereichsfeld). — Beih. geol. Jb., **83**.
TACKE, E. (1943): Die Entwicklung der Landschaft im Solling.-Veröff. nds. Amt. Landesplang. Statist., R. A. I, **13**; Oldenburg.
TOLDRIAN, H. (1974): Wasserabfluß und Bodenabtrag in verschiedenen Waldbeständen. — Allg. Forstz., **29**(49): 1107—1109.
TRUSHEIM, F. (1957): Über Halokinese und ihre Bedeutung für die strukturelle Entwicklung Norddeutschlands. — Z. dt. geol. Ges., **109**: 111—151.
UHDEN, O. (1961): Wasserwirtschaftsatlas von Niedersachsen, Teil II a: Flächenverzeichnis zur Hydrographischen Karte für Niedersachsen. — Veröff. Inst. Landesplang. nds. Landeskde. Univ. Göttingen, Reihe K, **9**; Hannover (Hinck).
VASQUEZ, E. M.; GARLEFF, K.; SCHÄBITZ, F. & G. SEEMANN (1985): Untersuchungen zur vorzeitlichen Bodenerosion im Einzugsgebiet des Ellernbaches östlich Bamberg. — **60**. Ber. naturforsch. Ges. Bamberg: 173—190.

WALDECK, H. (1964): Bericht über die Kartierung von Muschelkalk, Keuper, Lias und Quartär auf Blatt Lauenberg (4224) vom 15.8. bis 24.10.1962. – Archiv nds. L.-Amt Bodenforsch. Hannover.
WANDEL, G. (1950): Neue vergleichende Untersuchungen über den Bodenabtrag an bewaldeten und unbewaldeten Hangflächen in Nordrheinland.-Geol. Jb., **65**: 507–550.
WASSERWIRTSCHAFTSAMT GÖTTINGEN (1910): Kartierungen des Jahrhunderthochwassers von 1909 auf Blättern der preußischen Landesaufnahme (= TK 25 Blatt 4124, 4125, 4224). – Unveröff.
WILDHAGEN, H. & B. MEYER (1972): Holozäne Boden-Entwicklung, Sediment-Bildung und Geomorphogenese im Flußauen-Bereich des Göttinger Leinetal-Grabens. – Göttinger bodenkdl. Ber., **21**.
WILLERDING, U. (1960): Beiträge zur jüngeren Geschichte der Flora und Vegetation der Flußauen. – Flora, **149**: 435–477.
–,– (1977): Über Klima-Entwicklung und Vegetationsverhältnisse im Zeitraum Eisenzeit bis Mittelalter. – In: JANKUHN, H.; SCHÜTSEICHEL, R. & F. SCHWIND (Hrsg.): Das Dorf der Eisenzeit und des frühen Mittelalters. – Göttingen.
WOLDSTEDT, R. & K. DUPHORN (1974): Norddeutschland und angrenzende Gebiete im Eiszeitalter. – 3. Aufl., Stuttgart (Köhler).
WUNDERLICH, H. G. (1955): Jüngste Tektonik im Gebiet des Leinetalgrabens. – Geol. Rdsch., **43**: 78–93.
–,– (1963): Das Quartär der Grone-Niederung westlich Göttingen. – Eiszeitalter und Gegenwart, **14**: 53–67.
ZOLLER, H. (1967): Postglaziale Klimaschwankungen und ihr Einfluß auf die Waldentwicklung Mitteleuropas einschließlich der Alpen.-Ber. dt. bot. Ges., **80**: 690–696.

VERZEICHNIS DER KARTEN UND LUFTBILDER

Gaußsche Landesaufnahme der 1815 durch Hannover erworbenen Gebiete. Blatt 22 Hunnesrück/Dassel. – Hrsg. Hist. Kommission Niedersachsen, 1963.
Geologische Karte Stadtoldendorf (= TK 25 Blatt 4123). – Hrsg. Königlich Preußische Landesanstalt, 1910.
Geologische Karte von Niedersachsen 1 : 25.000, Blätter 4223 Sievershausen, 4224 Lauenberg, 4324 Hardegsen; Ausgaben 1968 – 79.
Geologische Wanderkarte Leinebergland 1 : 100.000. – Hrsg. Verkehrsverein Leinebergland, Nds. L.-Amt Bodenforsch., 1979.
Grundkarten 1 : 5000 im Gebiet der TK 25 Blätter 4124, 4125, 4224, 4225 in den Ausgaben von 1955 bis 1986.
Historisch-Landeskundliche Exkursionskarte von Niedersachsen, Maßstab 1 : 50.000, Blatt Moringen. – Hrsg. E. KÜHLHORN, 1976; Hildesheim (Lax).
Königlich Preussische Landes-Aufnahme; Blätter 2298 Stadtoldendorf (= TK 25 Blatt 4123), 2299 Dassel (4124), 2300 Einbeck (4125), 2372 Sievershausen (4223), 2373 Lauenberg (4224).
Kurhannoversche Landesaufnahme des 18. Jahrh.; Blätter 139 Einbeck, 141 Hilwartshausen, 142 Northeim, 149 Uslar. – Hrsg. Nds. L.-Verw.amt – Landesvermessung; Hist. Kommission Niedersachsen, 1959/60.
Luftbilder Nr. 4347 und 4348 des Bildfluges Einbeck (1952) von 1983.
TK 25, Blätter 4122 Holzminden, 4123 Stadtoldendorf, 4124 Dassel, 4125 Einbeck, 4222 Höxter, 4223 Neuhaus im Solling, 4224 Lauenberg, 4322 Karlshafen, 4323 Uslar, 4423 Oedelsheim; Ausgaben 1956–1979.
TK 50, Blätter 4122 Holzminden, 4124 Einbeck, 4322 Höxter, 4324 Moringen, 4522 Hann.-Münden; Ausgaben 1962–1963.
TK 100, Blatt 4322 Holzminden; Ausgabe 1967 und 1987.

ANHANG

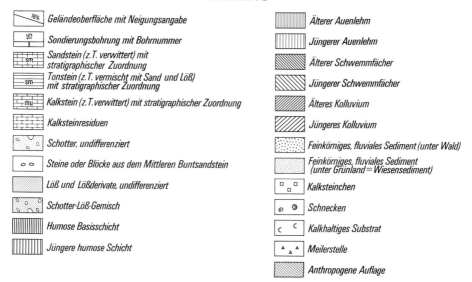

16%	Geländeoberfläche mit Neigungsangabe
15	Sondierungsbohrung mit Bohrnummer
sm	Sandstein (z.T. verwittert) mit stratigraphischer Zuordnung
sm	Tonstein (z.T. vermischt mit Sand und Löß) mit stratigraphischer Zuordnung
mu	Kalkstein (z.T. verwittert) mit stratigraphischer Zuordnung
	Kalksteinresiduen
	Schotter, undifferenziert
	Steine oder Blöcke aus dem Mittleren Buntsandstein
	Löß und Lößderivate, undifferenziert
	Schotter-Löß-Gemisch
	Humose Basisschicht
	Jüngere humose Schicht
	Älterer Auenlehm
	Jüngerer Auenlehm
	Älterer Schwemmfächer
	Jüngerer Schwemmfächer
	Älteres Kolluvium
	Jüngeres Kolluvium
	Feinkörniges, fluviales Sediment (unter Wald)
	Feinkörniges, fluviales Sediment (unter Grünland = Wiesensediment)
	Kalksteinchen
	Schnecken
c c	Kalkhaltiges Substrat
	Meilerstelle
	Anthropogene Auflage

Abb. 42–49:
Talquerprofile der Solling-NE-Abdachung

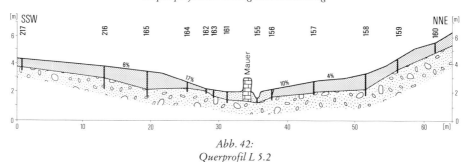

Abb. 42:
Querprofil L 5.2

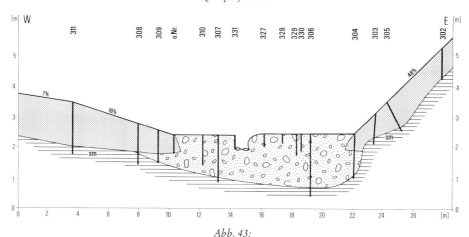

Abb. 43:
Querprofil R 5.4

87

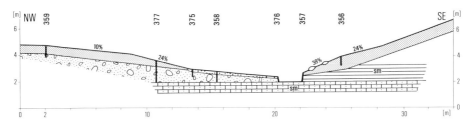

Abb. 44:
Querprofil R 6.2

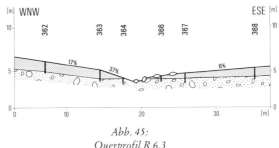

Abb. 45:
Querprofil R 6.3

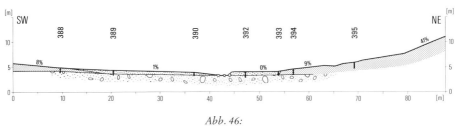

Abb. 46:
Querprofil R 6.9

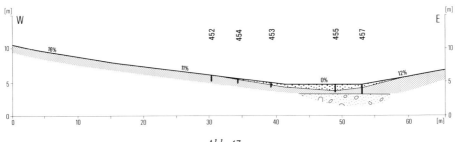

Abb. 47:
Querprofil R 6.15

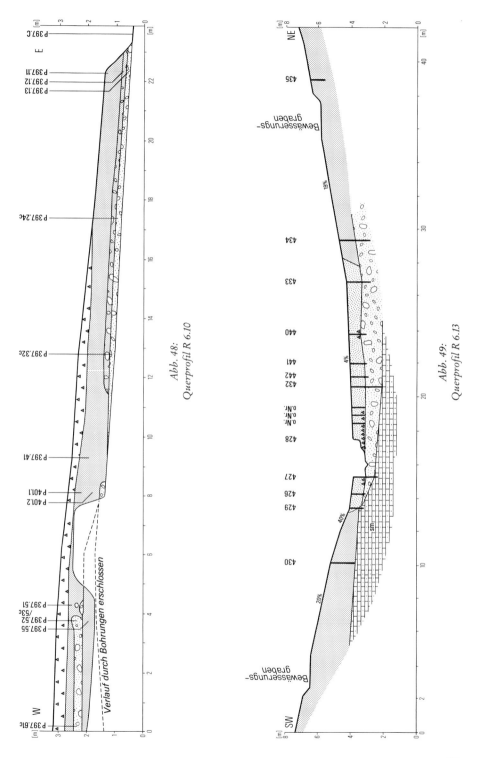

Abb. 48:
Querprofil R 6.10

Abb. 49:
Querprofil R 6.13

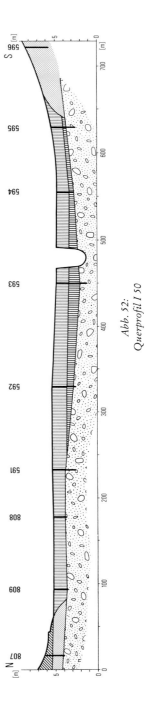

Abb. 50–58:
Talquerprofile an der unteren Ilme

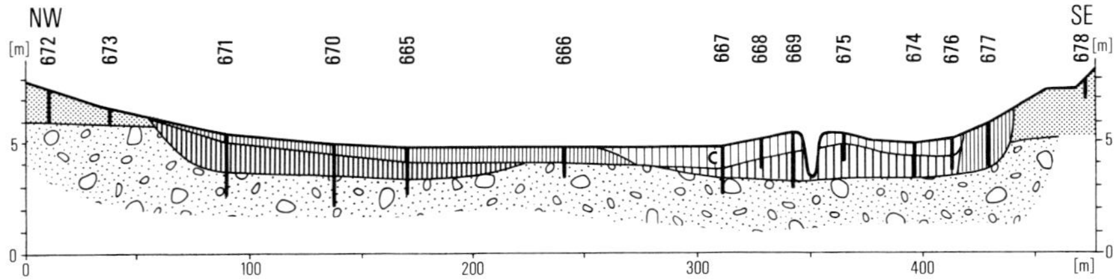

Abb. 50:
Querprofil I 43

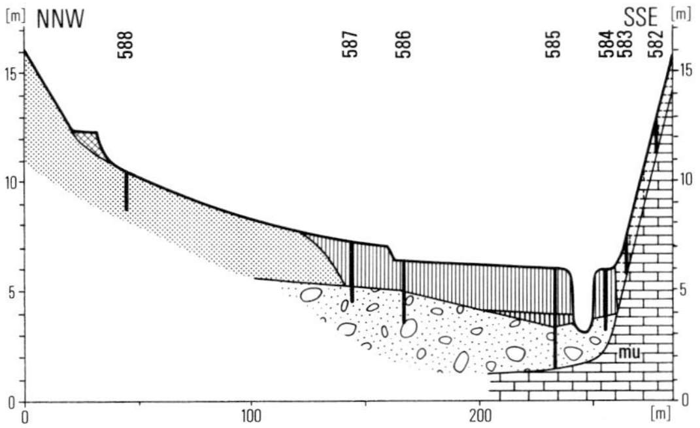

Abb. 51:
Querprofil I 46

Abb. 52:
Querprofil I 50

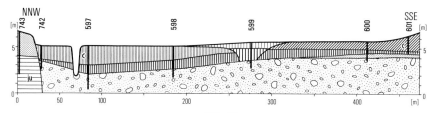

Abb. 53:
Querprofil I 52

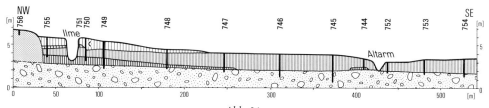

Abb. 54:
Querprofil I 53

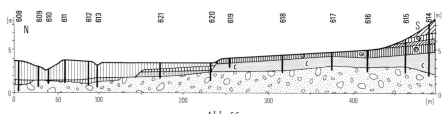

Abb. 55:
Querprofil I 57

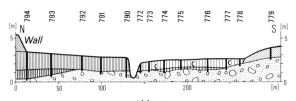

Abb. 56:
Querprofil I 59

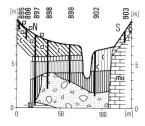

Abb. 57:
Querprofil I 61

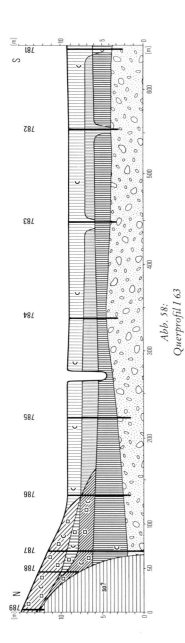

Abb. 58:
Querprofil I 63

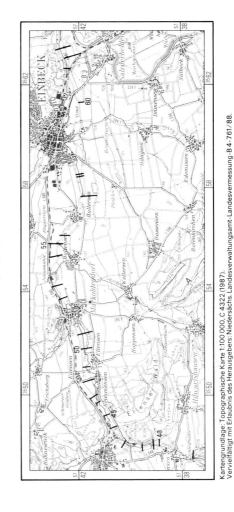

Abb. 59:
Lage der Querprofile im Unterlauf der Ilme

Tab. 6:
Verzeichnis der Proben

Nummer	Tiefe [cm]	Sedimenttyp	KG	Humus [%]	Farbe	Sonstiges
1,7–10	70–80	qwf				CAILLEUX: 110 ± 10
1,11	70–80	qwf	Ut3	2,1		
1,12	52–60	Holzkohle		13,9		C 14 + dendro.
						Korr.: 1630 n.Chr.
1,13–15		Artefakt				Scherben, Draht
1,16	49–52	aMf	Sl2	2,3		
1,17	45–49	aMf	Su4	4,9		
1,18	40–45	aMf	S	1,8		
1,19	36–40	aMf	Su3	3,9		
1,20	28–36	aMf	S	2,1		
1,21	22–28	aMf	Sl3	5,2		
1,22	17–22	aMf	Sl2	3,2		
1,23	0–17	aMf	Slu	11,7		
1,24–32	0–30	qwfl				CAILLEUX: 26 ± 7
21,1	15–70	qwfl(d)	Slu			
22,1	90–150	qwf	Sl2			
37,1	40–70	qwds	Slu			
38,1	20–40	qwds	Ut2			
39,1	5–25	qwd(A)	Ut3			
39,2	25–40	qwd(Al)	Ut2			
39,3	40–55	qwd(Bt)	Ut3			
39,4	55–70	qwd(Bt)	Ut3			
39,5	130–150	qwfl(sm)	Su3			
42,1	0–10	qwds	Slu			
42,2	10–30	qwds	Ls3			
42,3	30–70	qwz	Su3			
46,1	20–40	qwd(Bv)	Sl4			
46,2a	70–80	qwfl(sm)	Slu			
46,2b	70–80	qwfl(sm)	Lsu			
77,12	380–410	qwd(Cv)	Lsu			
81,1	25–40	qwd(Bt)	Ut4			
81,2	40–50	qwd(Bt)	Ut4			
81,3	50–80	qwd(Bt)	Ut4			
88,1	3–6	qwd(Al)	Slu			
88,2	6–40	qwd(Bt)	Slu			
91,1	13–25	qwd(Bs)	Ut3			
91,2	40–60	qwd(Bs)	Ut3			
167,1	0–30	qwfl(sm;Ah)	Sl4			
167,2	30–65	qwfl(sm)	Su3			
167,3	65–75	qwfl(sm)	Su4			
167,4	75–100	qwfl(sm)	Slu			
168,1	0–35	qwf(Ah)	Lsu			
168,2	60–80	qwf(lCv)	Su2			
168,3	45–80	qwf(lCv)	Su2			
172,11	10–25	aMf	Ut4			
185,1	>20	qwfl	Slu			
186,1	10–60	qwfl	Lsu			
187,1	20–50	qwf(lCv)	Slu			
187,2	50–100	qwf(lCv)	Slu			
188,1	0–20	qwds(Ahl)	Us			

Nummer	Tiefe [cm]	Sedimenttyp	KG	Humus [%]	Farbe	Sonstiges
188,2	20–60	qwds(Bt)	Ut3			
188,3	60–100	qwds(Bt)	Lsu			
188,4	100–140	qwds(Cv)	Slu			
190,1	20–40	qwds(Al)	Su4			
190,2	40–80	qwds(Bt)	Slu			
196,1	60–100	qwf(lCv)	Sl3			
200,1	20–40	qwds	Ut3			
200,2	60–80	qwds	Lsu			
200,3	80–100	qwds	Ut3			
200,4	150–165	qwds	Ut4			
204,1	35–55	qwds(Bv)	Slu			
204,2	55–135	qwds(Gr)	Slu			
216,1	80–170	qwf(lC)	Sl3			
245,1	40–100	qwfl(sm)	Sl4			
246,1	30–100	qwfl(d)	Lsu			
255,1	0–35	qwfl(sm;Ah)	Slu			
255,2	35–75	qwfl(sm;Bv)	Slu			
255,3	100–140	sm(C)	Su3			
256,1	0–30	aMf(A)	Su3			
277,1	0–10	aMf		7,4		
277,2	10–30	aMf		5,4		
277,3	30–50	aMf		5,4		
277,4	50–60	aMf		5,4		
277,5	60–75	aMf		11,4		
277,8	155–170	qwf(lCv)		1,9		
294,1	0–40	qwfl				CAILLEUX: 13 ± 7
295,1	0–40	qwfl				CAILLEUX: 17 ± 6
301,1	0–45	aMw	Ut2			
301,2	45–90	qwf	Su3			
303,1	20–40	qwfl(d)	Ut3			
304,1	0–50	aMw	Ut3			
304,2	50–80	qwf	Su3			
310,1	0–40	aMw	Sl4			
315,1	0–40	aMw		5,4		nur eine Probe
315,2	40–45	aMw		5,7		nur eine Probe
315,3	45–60	aMw		4,2		nur zwei Proben
325,1	0–50	qwfl(d)	Slu			
331,1	20–30	aMw	Sl2			
335,1	25–40	qwfl(d)	Ut3			
335,2	60–90	qwfl/qwf	Sl3			
336,1	20–60	aMf	Sl3			
345,1	50–80	qwd(Bv)	Ut3			
361,1	0–40	qwfl				CAILLEUX: 12 ± 5
364,1	10–40	qwf(Schotter)				CAILLEUX: 129 ± 11
365,1	0–30	qwfl				CAILLEUX: 17 ± 6
371,1	20–50	aMf	Ut3			
371,2	60–70	aMf/qwf	Su4			
372,1	45–80	qwd(Bt)	Ut4			
373,1	30–60	qwd(Bt)	Ut4			
375,1	20–40	qwf	Slu			
377,1	35–55	qwfl(d)	Lsu			
377,2	60–90	qwf	Sl4			
391,1	0–40	qwf				CAILLEUX: 103 ± 11

Nummer	Tiefe [cm]	Sedimenttyp	KG	Humus [%]	Farbe	Sonstiges
396,1	110–140	qwfl(d)	Slu			
396,2	165–175	qwfl(d)	Ut3			
397,1	105–135	qwf				CAILLEUX: 178 ± 11
397,11	0–15	qwfl(d;Ah)	Ut3		7,5 YR 4/4	
397,12	55–75	qwf/qwfl	Slu		7,5 YR 4/6	
397,21	20–25	qwfl(d)	Ut2			
397,22	20–25	qwfl(d)	Ut3			
397,23	20–25	qwfl(d)	Ut3			
397,24c	143–160	qwf				CAILLEUX: 163 ± 11
397,25	305–325	qwf	Ut4			
397,26	325–355	qwf	Ls3			
397,32c	140–160	qwf				CAILLEUX: 119 ± 11
397,41	40–90	qwfl	Ut3			
397,51	75–130	qwfl(d)	Ut2			
397,52	92–130	qwf1	Ut2			
397,53c	92–130	qwf1				CAILLEUX: 180 ± 10
397,55	190–220	qwf1/qwfl	Sl3			
397,61c	120–149	qwf1				CAILLEUX: 180 ± 11
397,C	0	hf				CAILLEUX: 165 ± 10
401,1	40–70	qwfl	Ut2			
401,2	70–110	qwfl	Ut3			
401,3	130–145	qwf	Sl4			
401,4	145–160	qwf	Slu			
401,5	160–195	qwf	Sl3			
401,6	195–240	qwf	Sl3			
401,7	310–380	smST2	Ls3			
406,1	0–30	aMw(Ah)		8,2		
406,2	30–60	aMw		4,4		
406,3	80–110	qwf(lCv)		2,2		
406,4	110–165	qwf(lCv)		3		
416,1	0–30	qwf	Slu			
417,2	47–90	qwf	Lsu			
427,1	0–20	aMw(Ah)	Slu			
427,2	20–40	aMw(Go)	Slu			
427,3	55–60	aMw(Gr)	Slu			
427,4	120–145	smT	Ut3			
428,1	50	Holzkohle				C 14 + dendro. Korr.: 1630 n.Chr.
429,1	25–45	aMw	Slu			
430,1	70–85	qwfl(d)	Ut3			
431,1	0–30	aMw(Ah)	Slu			
431,2	30–60	aMw(Ah)	Sl3			
431,3	60–90	qwf	Su3			
434,1	40–70	qwfl(sm)	Su4		7,5 YR 4/4	
569,1	0–40	aM		8,3		
569,2	40–80	aM		3,7		
569,3	80–100	aM2		3,4		
569,4	100–140	aM1		3,9		
569,5	140–160	aM		3,3		
570,1	0–25	aM3		9,8		
570,2	25–60	aM3		(7,6)		
570,3	60–75	aM2(Af)		3,4		
570,4	75–100	aM2		2,1	7,5 YR 4/2	

Nummer	Tiefe [cm]	Sedimenttyp	KG	Humus [%]	Farbe	Sonstiges
570,7	100–235	aM2	1,8		7,5 YR 5/2	
570,8	235–300	aM1			7,5 N 3/0	C 14: 5400 ± 185 bp (VII)
573,1	20–60	aM3(Go)	Tu4			Uferwall
574,1	30–60	aM3(Go)	Ut2		7,5 YR 4/2	Uferwall
574,2	60–90	aM3(Go)	Tu3		7,5 YR 5/2	Uferwall
585,1	100–160	aM2		5		
585,2	160–200	aM1		5,3		
587,1	80–100	aM2		3,3	7,5 YR 4/4	
587,2	100–120	aM2		3,7	7,5 YR 3/2	
587,3	120–150	aM2		4,1	7,5 YR 4/2	
587,4	150–200	aM1		3,6	7,5 YR 4/2	
597,2	180–200	aM	Ut2	3,5	10 YR 4/1	
599,3	60–90	aM1(Go)		8,3	7,5 YR 3/2	
599,3	60–70					Pollen: Xc
599,4	90–200	aM1(Gor)		8	7,5 YR 3/4	
600,1	80–140	Hn			7,5 N 2/0	C 14: 3900 ± 165 bp (VIII)
600,1	80–90					Pollen: VII
600,2	140–180	qwd(Cv)	Ut4		5 YR 5/1	
601,1	0–120	wM		4,6	10 YR 3/2	
601,2	180–200	wM1		6	5 YR 4/1	
602,1	0–40	aM		4,9	10 YR 3/3	
602,2	40–110	aM		2,7	10 YR 4,5/4	
602,3	110–140	aM2		3,9	10 YR 4/2	
602,4	140–165	aM2		2,5	10 YR 4/3	
602,5	165–200	aM2		1,7	10 YR 5/2	
604,1	0–80	aM2	Su4	2,9	7,5 YR 3,5/2	
604,2	100–120	aM1	Ut2	3,3	7,5 YR 4/2	
606,4	230–270	qwf			10 YR 3/3	
607,1	0–20	aM2		6	7,5 YR 3,5/2	
607,2	20–35	aM2		4,6	7,5 YR 3/4	
607,3	35–50	aM2		3,9	7,5 YR 4/4	
607,4	50–65	aM2		3,4	7,5 YR 4/4	
607,5	65–80	aM2		3,2	7,5 YR 4/3	
608,1	0–40	aM3	Ut3	5,5	5 YR 3/3	
608,2	40–60	aM3	Ut3	3,2	7,5 YR 4/4	
608,3	60–80	aM3	Ut3	2,6	7,5 YR 4,5/4	
608,4	100–160	aM2	Ut3	3,2	5 YR 3/4	
608,5	220–260	aM1	Slu	5,1	2,5 Y 4/2	
608,6	260–280	aM1	Slu	4,4	2,5 Y 3/0	
613,2	110–120	aM1				Pollen: Xb
614,1	0–50	wM3(Ah)	Ut3	5,1	5 YR 3/2	
614,2	50–100	wM3	Ut3	2,9	5 YR 3/3	
614,3	100–125	wM2	Us	4	5 YR 3/2	
614,4	125–160	wM2	Ut3	6	10 YR 4/2	
614,5	160–225	wM2		3,3	10 YR 5/2	
614,6	225–280	wM1	Ut2	17	2,5 N 2/0	
614,7	280–300	wM1	Ut3	3	2,5 Y 5/2	
614,9	315–500	wM1	Ut2	2,9	2,5 Y 5/2	
614,10	560–600	qwf	Lt2	(5,1)	7,5 YR 4/2	
619,1	0–60	aM3(Ah)	Lsu		7,5 YR 5/4	
622,1	0–40	aM3	Ut4	4,3	10 YR 4/4	

Nummer	Tiefe [cm]	Sedimenttyp	KG	Humus [%]	Farbe	Sonstiges
622,2	40–80	aM3	Ut4	4,1	10 YR 3/3	
622,3	80–120	aM3	Ut4	3,6	10 YR 3/4	7,5 YR 3/2
622,4	120–160	aM3	Ut4	3,6	10 YR 3/3	7,5 YR 3/2
622,5	160–190	aM3	Ut4	3,8	10 YR 3/3	7,5 YR 4/2
623,1	50–80	aM3		3,4	7,5 YR 4/4	
623,2	170–200	aM3		4,9	10 YR 3/3	
623,3	260–300	aM2		6,9	5 Y 3/1	
623,4	300–360	aM2		8,2	5 Y 3/1	
623,5	360–415	aM1		16,4	5 Y 2,5/1	
623,6	415–460	aM1		8,5	5 Y 3/1	
623,7	460–500	aM1		4,8	5 Y 4/1	
628,1	0–30	Y	Ut3	5,2	10 YR 3/3	
628,2	30–75	Y	Ut2	3	10 YR 4/4	
628,3	75–85	aM3	Ut3	5	10 YR 4/3	10 YR 3/3
628,4	85–100	aM3	Ut2	2,4	10 YR 4/4	7,5 YR 4/4
628,5	100–150	aM3	Ut2	2,4	10 YR 4/4	7,5 YR 4/6
628,6	150–190	aM3		2,6	10 YR 5/6	7,5 YR 4/4
628,7	190–230	aM3		2,5	10 YR 4/4	10 YR 4/3
628,8	230–255	aM2		2,6	10 YR 4/4	10 YR 4/3
628,9	255–300	aM2		2,3	7,5 YR 4/2	enthält Holzkohle
628,10	320–400	aM1		3,5	7,5 YR 4/2	enthält Holz
628,11	400–500	aM1			10 R 4/1	C 14: 2700 ± 135 bp (VIII/IX)
657,1	300–315	aM(fA)			7,5 YR 2/0	
660,1	0–40	sM(Ap)			10 YR 3/3	
660,2	285–300	qwf/sM			5 YR 3/3	
702,1	0–40	aM2		5,3	10 YR 4/3	
702,2	40–50	aM2		3,5	10 YR 6/4	
702,3	50–100	aM2		2,9	5 YR 4/4	
716,1	0–20	aM2		6,3	10 YR 5/4	
716,2	20–40	aM2		4,7	10 YR 3/4	
716,3	40–80	aM2		3,5	10 YR 4/3	
716,4	80–110	aM2		3	10 YR 4/4	
716,5	110–130	aM1		2,9	10 YR 4/3	
716,6	130–150	aM1		2,7	7,5 YR 4/2	
716,7	>150	aM1		2,2	5 YR 3/4	
718,1	0–20	aM2		5,8	10 YR 3/3	
718,2	20–40	aM2		5,9	10 YR 3/3	
718,3	40–60	aM2		3,5	10 YR 4/2	
718,4	60–80	aM2		2,4	10 YR 4/4	
737,1	280–400	Hn		29,7	2,5 Y 2/0	
738,1	100–160	sM2		1,9		
738,2	160–195	sM2		2		
738,3	220–270	sM1(Hn)		30,6		
738,4	332–360	sM1		7,9		
744,1	0–30	aM2		11,6	10 YR 3/2	
744,2	30–60	aM2		4,6	10 YR 3/3	
744,3	60–75	aM2		4,4	10 YR 3/3	
744,4	75–100	aM2		3,9	7,5 YR 4/2	
744,5	100–120	aM1		10,2	7,5 YR 4/2	
746,1	0–30	aM2			10 YR 3/2	
746,2	30–50	aM2		6	10 YR 3/2	
746,3	50–70	aM2		4,9	10 YR 4/3	

Nummer	Tiefe [cm]	Sedimenttyp	KG	Humus [%]	Farbe	Sonstiges
746,4	70–90	aM2		3,8	10 YR 3/4	
746,5	90–110	aM2		2,8	10 YR 4/4	5 YR 3/4
746,6	125–150	aM2		3	5 YR 3/4	
747,1	0–20	aM2		8,7	10 YR 3/3	
747,2	20–50	aM2		4,5	10 YR 3/4	
747,3	50–100	aM2		4	10 YR 4/4	
747,4	100–125	aM2		1,8	10 YR 4/3	
747,5	125–135	aM2		1,4	10 YR 4/3	
747,6	135–160	aM2		2	10 YR 4/2	10 YR 2/1
747,7	160–180	aM1		3,7	10 YR 2/1	
754,1	40–70	aM2			10 YR 3/4	
754,2	170–190	qwf			10 YR 4/4	
755,1	0–40	aM3		4,9	10 YR 3/3	
755,2	40–60	aM3		3	10 YR 3/3	
755,3	60–105	aM3		2,3	10 YR 3/3	
755,4	105–120	aM2		4,05	10 YR 3/3	
755,5	120–140	aM2		3	10 YR 3/1	
755,6	140–180	aM2		1,6	10 YR 6/8	10 YR 4/4;10 YR 6/4
755,7	180–200	aM2		1,5	10 YR 6/8	10 YR 3/4;10 YR 4/3
755,8	200–220	aM1		3,5	10 YR 6/8	Kalk: 15,8% (c4)
757,1	100–130	aM1		2,9	10 YR 3/3	
765,1	0–20	aM2		7,4	10 YR 3/3	
765,2	20–50	aM2		4,6	10 YR 4/4	
765,3	50–70	aM2			10 YR 4/4	
784,1	0–30	aM3	Ut4		10 YR 3/3	Kalk: 1,9% (c2)
784,2	30–60	aM3			10 YR 4/3	Kalk: 2,6% (c3)
784,3	60–100	aM3			10 YR 4/3	Kalk: 3,0% (c3)
784,4	100–130	aM3	Ut2		10 YR 3/4	Kalk: 1,9% (c2)
784,5	130–150	aM3	Ut2		10 YR 4/4	Kalk: 1,7% (c2)
784,6	150–180	aM3	Ut2		10 YR 4/3	Kalk: 1,5% (c2)
784,7	180–220	aM2	Ut3		10 YR 4/4	Kalk: 0,5% (c1)
784,8	220–260	aM2	Ut3		10 YR 3/3	Kalk: 0,4% (c1)
784,9	260–290	aM2	Ut3		10 YR 4/3	Kalk: 0,7% (c1)
784,10	290–320	aM2	Ut4		10 YR 4/3	Kalk: 0,2% (c1)
784,11	320–360	aM1	Ut3		10 YR 3/2	Kalk: 0,1% (c1)
784,12	360–400	aM1	Ut3		10 YR 3/3	
784,13	400–440	aM1	Ut3		10 YR 3/2	
784,14	440–480	aM1	Ut3		10 YR 3/1	
787,1	370–440	sM1			2,5 Y 4/2	Kalk: 8,1% (c3)
787,2	440–550	sM1			2,5 Y 3/2	Kalk: 8,8% (c3)
790,1	0–75	aM2			7,5 YR 3/4	Kalk: 0,05% (c1)
790,2	75–120	aM2			5 YR 3/4	Kalk: 0,1% (c1)
790,3	120–160	aM2			7,5 YR 4/6	Kalk: 0,2% (c1)
810,1	0–45	aM3			10 YR 3/2	Kalk: 1,0% (c2)
810,2	45–100	aM3			10 YR 3/3	Kalk: 1,1% (c2)
810,3	100–160	aM3			10 YR 4/4	Kalk: 0,6% (c1)
810,4	160–305	aM2			10 YR 4/3	Kalk: 0,1% (c1)
810,5	305–325	aM2			10 YR 3/6	kalkfrei
810,6	325–370	aM2			10 YR 3/3	kalkfrei
810,7	380–400	aM1			2,5 Y 2/0	Kalk: 0,2% (c1)
810,8	400–445	aM1			10 YR 3/1	kalkfrei
810,9	445–520	aM1			2,5 Y 2/0	Kalk: 0,7% (c1)
859,1	0–30	aM	Ut4			

Nummer	Tiefe [cm]	Sedimenttyp	KG	Humus [%]	Farbe	Sonstiges
859,2	30–45	aM	Ut4			
859,3	45–160	aM	Ut3			
859,4	210–290	aM	Ut2			
859,5	290–310	aM	Tu4		7,5 YR 3/4	
859,6	310–330	aM	Tu2		7,5 YR 3/2	
859,7	330–360	aM			7,5 YR 4/4	
859,8	360–420	aM	Sl3		10 YR 4/4	
859,9	440–480	aM1	Su2		10 YR 3/1	10 YR 4/4

Tab. 7:
Korngrößenanalysen der wichtigsten holozänen Sedimente

Humose Basisschicht

Probe	T	fU	mU	gU	fS	mS	gS	K	T	U	S
604,2	8,7	3,1	11,8	50,5	11,5	11,6	2,3	0,5	8,7	65,7	25,5
608,5	9,5	3,4	10,8	16,2	9,7	11,3	7,1	32,1	14,0	44,8	41,4
608,6	10,6	2,0	10,6	24,7	13,4	9,3	5,3	24,2	14,0	49,2	36,9
614,9	11,8	4,5	19,3	55,4	4,8	2,5	0,2	1,6	12,0	80,5	7,6
784,11	15,3	5,9	14,5	44,2	14,8	5,2	0,2	0,0	15,3	64,6	20,2
784,12	15,0	4,1	13,3	44,0	15,1	8,4	0,1	0,0	15,0	61,4	23,6
784,13	14,8	5,9	11,4	39,6	16,8	11,4	0,1	0,0	14,8	56,9	28,3
784,14	15,0	3,7	11,7	36,5	19,4	13,3	0,3	0,0	15,0	51,9	33,0
Mittelwert:	12,6	4,1	12,9	38,9	13,2	9,1	2,0	7,3	13,6	59,4	27,1

Älterer Auenlehm

Probe	T	fU	mU	gU	fS	mS	gS	K	T	U	S
608,4	13,0	4,6	12,9	44,7	16,2	5,0	1,6	1,8	13,2	63,3	23,2
784,7	15,1	4,6	20,6	55,7	3,7	0,3	0,0	0,0	15,1	80,9	4,0
784,8	16,9	5,0	22,8	51,1	3,7	0,4	0,1	0,0	16,9	78,9	4,2
784,9	15,4	4,5	21,1	54,2	4,2	0,6	0,1	0,0	15,4	79,8	4,9
784,10	18,5	7,0	19,9	50,7	3,2	0,8	0,0	0,0	18,5	77,6	4,0
Mittelwert:	15,8	5,1	19,5	51,3	6,2	1,4	0,4	0,4	15,8	76,1	8,1

Jüngerer Auenlehm

Probe	T	fU	mU	gU	fS	mS	gS	K	T	U	S
573,1	34,2	16,4	20,0	25,2	2,4	1,5	0,2	0,1	34,2	61,7	4,1
574,1	11,9	4,2	12,8	51,6	16,7	2,6	0,1	0,0	11,9	68,6	19,4
574,2	35,0	10,6	26,2	21,1	4,5	2,5	0,2	0,0	35,0	57,9	7,2
608,1	13,7	3,6	10,9	45,7	22,2	2,5	1,0	0,5	13,8	60,5	25,8
608,2	13,4	3,4	9,9	41,6	23,5	7,5	0,2	0,5	13,5	55,2	31,4
619,1	15,0	7,2	13,2	24,3	17,7	17,7	3,2	1,6	15,2	45,4	39,2
622,1	18,6	3,5	18,6	56,4	2,3	0,5	0,2	0,0	18,6	78,5	3,0
622,2	18,1	5,5	21,6	48,7	4,1	1,8	0,1	0,0	18,1	75,8	6,0
622,3	17,7	4,6	16,0	51,0	7,3	3,3	0,1	0,0	17,7	71,6	10,7
622,4	22,3	5,9	15,7	46,3	6,8	2,9	0,1	0,1	22,3	68,0	9,8
622,5	19,6	3,5	15,1	42,1	10,9	7,1	0,6	1,0	19,8	61,3	18,8
628,1	14,5	4,4	15,0	58,4	6,2	1,1	0,2	0,2	14,5	78,0	7,5
784,1	17,0	6,6	22,0	43,3	7,7	2,3	0,6	0,4	17,1	72,2	10,6
784,4	11,0	3,1	36,2	40,0	8,4	1,2	0,1	0,0	11,0	79,3	9,7
784,5	10,9	2,2	14,2	65,0	6,9	0,8	0,1	0,0	10,9	81,4	7,8
784,6	10,8	2,8	14,2	68,3	3,6	0,3	0,0	0,0	10,8	85,3	3,9
Mittelwert:	17,7	5,5	17,6	45,6	9,5	3,5	0,4	0,3	17,8	68,8	13,4

Wiesensediment

Probe	T	fU	mU	gU	fS	mS	gS	K	T	U	S
301,1	8,7	5,5	14,8	31,2	18,6	15,1	4,0	2,1	8,9	52,6	38,5
304,1	12,2	6,7	13,6	32,0	25,0	9,9	0,6	0,0	12,2	52,3	35,5
310,1	12,1	3,3	9,5	23,0	28,7	15,9	2,7	4,7	12,7	37,6	49,6
331,1	6,8	2,4	7,1	12,5	32,5	35,9	2,5	0,3	6,8	22,1	71,1
427,1	9,8	3,2	10,6	30,0	23,1	10,3	1,8	11,3	11,0	49,4	39,7
427,2	8,1	3,8	9,5	24,5	23,8	12,5	4,3	13,5	9,4	43,7	46,9
427,3	9,3	3,8	10,8	31,0	27,8	9,1	0,9	7,4	10,0	49,2	40,8
429,1	6,3	4,8	7,8	22,5	16,0	13,5	6,5	22,5	8,1	45,3	46,5
431,1	10,1	4,2	10,0	27,4	19,4	11,6	4,0	13,2	11,6	47,9	40,3
431,2	6,0	2,5	5,8	15,7	14,2	13,1	5,6	37,1	9,5	38,2	52,3
Mittelwert:	8,9	4,0	10,0	25,0	22,9	14,7	3,3	11,2	10,0	43,8	46,1

Tab. 8:
Pollenanalytisch untersuchte Proben (Prof. GRÜGER)

	599.1	600.1	613.2
Pinus	78	25	12
Picea	9	8	1
Quercus	8	47	38
Ulmus	–	2	3
Tilia	–	6	1
Fraxinus	–	2	–
Fagus	2	1	15
Carpinus	1	–	7
Betula	–	9	7
Salix	–	–	6
Alnus	2	102	10
Corylus	6	48	20
Humulus/Cannabis	–	1	–
Artemisia	–	3	1
Compositae Tub.	2	11	3
Compositae Lig.	80	5	18
Centaurea Cyanus	–	–	1
Centaurea montana T.	–	–	1
Chenopodiaceae	–	2	8
Caryophyllaceae	3	–	6
Cruciferae	6	–	4
Polygonum bistorta T.	1	–	–
Polygonum persicaria T.	–	–	2
Rosaceae pp.	–	–	3
Filipendula	–	2	6
Rubiaceae	–	2	1
Scrophulariaceae	–	–	4
Umbelliferae	–	–	2

	599.1	600.1	613.2
Trifolium T.	–	–	1
Rumex	–	–	1
Urtica	–	–	4
Plantago lanceolata	–	2	16
Gramineae	52	65	85
Getreide-T.	13	6	27
Secale	–	–	7
Cyperaceae	80	140	17
Ericaeae	–	–	1
Anemone T.	–	–	2
Valeriana	–	1	–
Sparganium T.	1	26	16
Myriophyllum	1	–	–
Sphagnum	6	3	4
Anthoceros punctatus	43	3	12
Anthoceros laevis	14	–	2
Farnsporen pp.	45	23	21
Pteridium	–	2	–
Polypodium	1	–	–
Varia	6	4	1
Indeterminata	14	3	19

P 599.1
Lage: Querprofil I 52, R 3553875 H 5742600
Tiefe: 60–70 cm
Hangendes: Auenlehm
Datierung: Xc

P 600.1
Lage: Querprofil I 52, R 3553920 H 5742475
Tiefe: 80–90 cm
Hangendes: Kolluvium
Datierung: VII

P 613.2
Lage: Querprofil I 57, R 3557645 H 5741725
Tiefe: 110–120 cm
Hangendes: Auenlehm
Datierung: Xb oder Xc

Nicht datierbar wegen ihrer zu geringen Pollendichte waren die Proben 613.1, 614.2, 628.1–5, 787.1–14, 897.1–5.

Tab. 9:
Daten zu den Querprofilen an der Ilme (Oberlauf)
(Grundlage: Blätter der TK 25, der Preuß. Landesaufnahme und eigene Untersuchungen)

Nr.	Lage [km]	Abstand [km]	Höhe [mNN]	Neig. [%]	Breite [m]	hT [cm]	hQ [m²]	hM [m³]
1	0,360	0,000	357,3	4,2	–	–	–	–
2	0,480	0,120	353,4	3,0	–	–	–	–
3	0,810	0,330	341,7	3,1	–	–	–	–
4	1,050	0,240	339,8	2,7	27	−80	−2,5	−350
5	1,090	0,040	337,9	2,6	7	−60	−1,6	−80
6	1,150	0,060	335,9	1,0	5	−110	−3,0	−135
7	1,180	0,030	334,0	1,0	5	−120	−5,7	−371
8	1,280	0,100	332,0	2,3	5	−100	−7,3	−1460
9	1,580	0,300	324,3	2,8	5	−120	−3,0	−600
10	1,680	0,100	322,3	3,0	4	−120	−3,5	−448
11	1,836	0,156	318,4	2,9	7	−80	−2,3	−314
12	1,953	0,117	314,6	2,8	6	−80	−4,0	−460
13	2,066	0,113	310,7	2,7	7	−80	−6,0	−951
14	2,270	0,204	306,8	2,4	7	−120	−6,5	−1167
15	2,425	0,155	304,9	2,1	5	−100	−4,4	−979
16	2,715	0,290	299,0	2,3	3	−40	−1,2	−234
17	2,815	0,100	295,1	2,5	3	−80	−2,5	−375
18	3,015	0,200	291,3	2,7	6	−100	−6,9	−1932
19	3,375	0,360	279,6	2,9	5	−60	−2,7	−743
20	3,565	0,190	273,8	2,8	5	−120	−3,5	−613
21	3,725	0,160	271,8	2,6	7	−80	−4,9	−1495
22	4,175	0,450	264,1	1,7	10	−50	−6,7	−1843
23	4,275	0,100	260,2	1,6	8	−90	−4,6	−814
24	4,529	0,254	256,3	2,8	9	−60	−3,5	−584
25	4,609	0,080	254,4	2,3	9	−60	−4,9	−578
26	4,765	0,156	252,4	1,6	15	−20	0,0	0
27	4,961	0,196	250,5	1,3	20	20	−0,9	−231
28	5,279	0,318	244,7	1,4	13	20	7,6	2580
29	5,640	0,361	240,8	1,5	–	–	–	–
30	5,800	0,160	238,8	1,5	31	70	16,8	5376
31	6,280	0,480	231,1	1,4	9	0	−1,6	−612
32	6,565	0,285	229,1	1,4	5	−170	−8,1	−2795
33	6,970	0,405	221,4	1,7	4	−70	−3,7	−1674
34	7,470	0,500	213,6	0,9	24	20	8,1	3807
35	7,910	0,440	205,8	1,8	16	−110	5,3	2014
36	8,230	0,320	201,9	1,6	38	0	–	–
37	8,890	0,660	194,2	1,0	62	80	33,2	16102
38	9,200	0,310	184,5	1,5	39	50	17,2	4902
39	9,460	0,260	181,6	1,6	70	40	44,8	36064
Durchschnitt:		0,243		2,1	14	−57	0,8	1441
Maximum:		0,660		4,2	70	80	44,8	36064
Minimum:		0,030		0,9	3	−170	−8,1	−2795
							Summe:	49009

In den Spalten hT, hQ und hM stehen negative Vorzeichen für Eintiefung/Erosion, keine Vorzeichen für Aufhöhung/Akkumulation.

Tab. 10:
Daten zu den Querprofilen an der Ilme (Unterlauf)
(Grundlage: Blätter der Grundkarte 1 : 5000 und eigene Untersuchungen)

Nr.	Lage [km]	Abstand [km]	Höhe [mNN]	Neig. [%]	Breite [m]	hT [cm]	Querschnittsfläche [m²] aM1	aM2	aM3	Summe	mittlere Mächtigkeit [cm] aM1	aM2	aM3	Summe	Menge [m³*1000] aM1	aM2	aM3	Summe
40	10,737	1,277	169,0	1,12	250	60	68	223	107	398	27	89	43	159	63	205	99	367
41	11,302	0,565	164,6	1,12	197	50	30	197	0	227	15	100	0	115	15	99	0	115
42	11,747	0,445	160,9	0,48	145	−20	4	143	0	147	3	99	0	101	2	82	0	84
43	12,451	0,704	156,8	0,57	266	30	77	148	55	280	29	56	21	106	53	102	38	193
44	13,128	0,677	153,6	0,53	200	20	40	254	0	294	20	127	0	147	28	180	0	208
45	13,865	0,737	149,7	0,25	153	−100	0	193	0	193	0	126	0	126	0	120	0	120
46	14,371	0,506	147,6	0,46	105	−30	11	144	0	155	10	137	0	148	5	61	0	65
47	14,708	0,337	145,8	0,44	180	—	0	172	0	172	0	96	0	96	0	86	0	86
48	15,374	0,666	141,9	0,31	276	30	5	253	0	258	2	92	0	93	3	141	0	144
49	15,826	0,452	140,0	0,47	305	−60	0	387	0	387	0	127	0	127	0	232	0	232
50	16,575	0,749	137,0	0,80	383	0	140	373	0	513	37	97	0	134	104	276	0	380
51	17,308	0,733	133,9	0,40	497	40	116	443	0	559	23	89	0	112	146	558	0	704
52	19,094	1,786	128,4	0,38	322	10	311	429	0	740	97	133	0	230	358	494	0	852
53	19,610	0,516	128,8	0,36	489	110	148	611	142	901	30	125	29	184	125	516	120	760
54	20,782	1,172	121,9	0,30	260	110	39	219	79	337	15	84	30	130	34	188	68	290
55	21,330	0,548	120,6	0,27	—	−20	24,5	212	0	236,5	—	—	—	—	13	115	0	128
56	21,864	0,534	118,5	0,17	137	30	16	110	0	126	12	80	0	92	20	136	0	156
57	23,817	1,953	113,6	0,79	280	30	62	262	211	535	22	94	75	191	92	389	314	795
58	24,837	1,020	110,0	0,11	219	20	27	121	167	315	12	55	76	144	15	67	92	173
59	24,917	0,080	110,0	0,11	270	20	66	196	140	402	24	73	52	149	95	282	201	578
60	27,711	2,794	106,7	0,17	—	250	92,5	157,5	97,5	347,5	—	—	—	—	186	317	196	700
61	28,943	1,232	105,4	0,02	81	320	119	119	53	291	147	147	65	359	106	106	47	260
62	29,498	0,555	105,3	0,02	796	150	1312	1312	1567	4191	165	165	197	527	541	541	646	1729
63	29,768	0,270	105,3	0,02	655	280	—	—	—	—	—	—	—	—	—	—	—	—
64	30,453	0,685	105,0	0,02	336	300	—	—	—	—	—	—	—	—	—	—	—	—
Durchschnitt:				0,39	296	68	117	291	114	522	33	104	28	165	87	230	79	397
Minimum:				0,02	81	−100	0	119	0	136	0	55	0	93	0	61	0	65
Maximum:				1,12	796	320	1312	1312	1567	4191	165	165	197	527	541	541	646	1729

Gesamtsumme von Q I 40 – 59: 1170 / 4330 / 931 / 6431
18% / 67% / 15% / 100%

An der Diesse- und Rebbemündung (Q I 55, 60) war eine Bestimmung der Talbreite nicht möglich. Als Querschnittsfläche ist das Mittel aus den benachbarten Querprofilen angegeben.

GÖTTINGER GEOGRAPHISCHE ABHANDLUNGEN

Herausgegeben vom Vorstand des Geographischen Instituts der Universität Göttingen
Schriftleitung: Karl-Heinz Pörtge

Heft 65: **Tribian, Henning: Das Salzgittergebiet.** Eine Untersuchung der Entfaltung funktionaler Beziehungen und sozioökonomischer Strukturen im Gefolge von Industrialisierung und Stadtentwicklung. Göttingen 1976. 296 Seiten mit 45 Abbildungen. Preis 33,– DM.

Heft 66: **Nitz, Hans-Jürgen (Hrsg.): Landerschließung und Kulturlandschaftswandel an den Siedlungsgrenzen der Erde.** Symposium anläßlich des 75. Geburtstages von Prof. Dr. Willi Czajka. Göttingen 1976. 292 Seiten mit 76 Abbildungen und Karten. Preis 32,– DM.

Heft 67: **Kuhle, Matthias: Beiträge zur Quartärmorphologie SE-Iranischer Hochgebirge.** Die quartäre Vergletscherung des Kuh-i-Jupar. Göttingen 1976. Textband 209 Seiten. Bildband mit 164 Abbildungen und Panorama. Preis 78,– DM.

Heft 68: **Garleff, Karsten: Höhenstufen der argentinischen Anden in Cujo, Patagonien und Feuerland.** Göttingen 1977. 152 Seiten, 34 Abbildungen, 6 Steckkarten. Preis 36,– DM.

Heft 69: **Gömann, Gerhard: Art und Umfang der Urbanisation im Raume Kassel.** Grundlagen, Werdegang und gegenwärtige Funktion der Stadt Kassel und ihre Bedeutung für das Umland. Göttingen 1978. 250 Seiten mit 22 Abbildungen und 2 Beilagen. Preis 48,– DM.

Heft 70: **Schröder, Eckart: Geomorphologische Untersuchungen im Hümmling.** Göttingen 1977. 120 Seiten mit 18 Abbildungen, 3 Tabellen und 7 zum Teil mehrfarbigen Karten. Preis 34,– DM.

Heft 71: **Sohlbach, Klaus D.: Computerunterstützte geomorphologische Analyse von Talformen.** Göttingen 1978. 210 Seiten, 37 Abbildungen und 13 Tabellen. Preis 51,30 DM.

Heft 72: **Brunotte, Ernst: Zur quartären Formung von Schichtkämmen und Fußflächen im Bereich des Markoldendorfer Beckens und seiner Umrahmung (Leine-Weser-Bergland).** Göttingen 1978. 142 Seiten mit 51 Abbildungen, 6 Tabellen und 4 Beilagen. Preis 37,50 DM.

Heft 73: **Liss, Carl-Christoph: Die Besiedlung und Landnutzung Ostpatagoniens unter besonderer Berücksichtigung der Schafestancien.** Göttingen 1979. 280 Seiten mit 60 Abbildungen und 5 Beilagen. Preis 48,50 DM.

Heft 74: **Heller, Wilfried: Regionale Disparitäten und Urbanisierung in Griechenland und Rumänien.** Aspekte eines Vergleichs ihrer Formen und Entwicklung in zwei Ländern unterschiedlicher Gesellschafts- und Wirtschaftsordnung seit dem Ende des Zweiten Weltkrieges. Göttingen 1979. 315 Seiten mit 59 Tabellen, 98 Abbildungen und 4 Beilagen. Preis 68,– DM.

Heft 75: **Meyer, Gerd-Uwe: Die Dynamik der Agrarformationen — dargestellt an ausgewählten Beispielen des östlichen Hügellandes, der Geest und der Marsch Schleswig-Holsteins.** Von 1950 bis zur Gegenwart. Göttingen 1980. 231 Seiten mit 26 Abbildungen, 18 Tabellen und 7 Beilagen. Preis 52,50 DM.

Heft 76: **Spering, Fritz: Agrarlandschaft und Agrarformation im deutsch-niederländischen Grenzgebiet des Emslandes und der Provinzen Drenthe/Overijssel.** Göttingen 1981. 304 Seiten mit 62 Abbildungen und 8 Kartenbeilagen. Preis 56,– DM.

Heft 77: **Lehmeier, Friedmut: Regionale Geomorphologie des nördlichen Ith-Hils-Berglandes auf der Basis einer großmaßstäbigen geomorphologischen Kartierung.** Göttingen 1981. 137 Seiten mit 38 Abbildungen, 9 Tabellen und 5 Beilagen. Preis 54,– DM.

Heft 78: **Richter, Klaus: Zum Wasserhaushalt im Einzugsgebiet der Jökulsá á Fjöllum, Zentral-Island.** Göttingen 1981. 101 Seiten mit 23 Tabellen und 37 Abbildungen. Preis 22,– DM.

Heft 79: **Hillebrecht, Marie-Luise: Die Relikte der Holzkohlewirtschaft als Indikatoren für Waldnutzung und Waldentwicklung.** Göttingen 1982. 158 Seiten mit 37 Tabellen, 34 Abbildungen und 9 Karten. Preis 47,50 DM.

Heft 80: **Wassermann, Ekkehard: Aufstrecksiedlungen in Ostfriesland.** Göttingen 1985. 172 Seiten und 12 Abbildungen. Preis 48,– DM.

Heft 81: **Kuhle, Matthias: Internationales Symposium über Tibet und Hochasien vom 8.–11. Oktober 1985 im Geographischen Institut der Universität Göttingen.** Göttingen 1986. 248 Seiten, 66 Abbildungen, 65 Figuren und 10 Tabellen. Preis 34,– DM.

Heft 82: **Brunotte, Ernst: Zur Landschaftsgenese des Piedmont an Beispielen von Bolsonen der Mendociner Kordilleren (Argentinien).** Göttingen 1986. 131 Seiten mit 50 Abbildungen, 3 Tabellen und 5 Beilagen. Preis 41,– DM.

Heft 83: **Hoyer, Karin: Der Gestaltwandel ländlicher Siedlungen unter dem Einfluß der Urbanisierung — eine Untersuchung im Umland von Hannover.** Göttingen 1987. 288 Seiten mit 57 Abbildungen, 20 Tabellen und 13 Beilagen. Preis 34,– DM.

Heft 84: **Aktuelle Geomorphologische Feldforschung.** Vorträge anläßlich der 13. Jahrestagung des Deutschen Arbeitskreises für Geomorphologie vom 6.–10. Oktober 1986 im Geographischen Institut der Universität Göttingen. Herausgegeben von Jürgen Hagedorn und Karl-Heinz Pörtge. Göttingen 1987. 128 Seiten mit 50 Abbildungen und 15 Tabellen. Preis 25,– DM.

Heft 85: **Kiel, Almut: Untersuchungen zum Abflußverhalten und fluvialen Feststofftransport der Jökulsá Vestri und Jökulsá Eystri, Zentral-Island.** Ein Beitrag zur Hydrologie des Periglazialraumes. Göttingen 1989. 130 Seiten mit 53 Abbildungen und 20 Tabellen. Preis 24,– DM.

Heft 86: **Beiträge zur aktuellen fluvialen Morphodynamik.** Herausgegeben von Karl-Heinz Pörtge und Jürgen Hagedorn. Göttingen 1989. 144 Seiten mit 61 Abbildungen und 12 Tabellen. Preis 26,– DM.

Heft 87: **Rother, Norbert: Holozäne fluviale Morphodynamik im Ilmetal und an der Nordostabdachung des Sollings (Südniedersachsen).** Göttingen 1989. 104 Seiten mit 59 Abbildungen, 10 Tabellen und einer Beilage. Preis 22,– DM.

Das vollständige Veröffentlichungsverzeichnis der GAA kann beim Verlag angefordert werden.

Alle Preise zuzüglich Versandspesen. Bestellungen an:

Verlag Erich Goltze GmbH & Co. KG., Göttingen